零基础数码摄影后期 Photoshop 照片处理轻松入门

龙飞 著

人民邮电出版社
北京

图书在版编目（CIP）数据

零基础数码摄影后期Photoshop照片处理轻松入门 / 龙飞著. -- 北京 : 人民邮电出版社, 2018.5
ISBN 978-7-115-47900-6

Ⅰ. ①零… Ⅱ. ①龙… Ⅲ. ①图象处理软件 Ⅳ. ①TP391.413

中国版本图书馆CIP数据核字(2018)第028667号

内 容 提 要

本书从摄影爱好者的实际需求出发，由浅入深地介绍了数码照片后期处理的诸多实用技巧和实战案例。全书从后期基础与后期实战这两个层面，讲解了数码后期的快速入门、照片光影的基础调校、照片调色的常用技法、照片细节的精修处理、风光照片的后期处理、人像照片的后期处理、建筑照片的后期处理、植物动物的后期处理、夜景照片的后期处理、静物照片的后期处理等内容，以帮助读者快速掌握各类型常见数码照片的后期处理技法，创造出独具魅力的作品。

除了完整的后期调修思路和流程讲解，本书还穿插了提升后期处理效率的学习提示和专家指点，适合数码摄影、平面设计和照片修饰等领域各层次的用户阅读，也可作为各类培训学校和大专院校的学习教材或辅导用书。无论是专业摄影师，还是普通的摄影爱好者，都可以通过本书迅速提高数码照片后期处理水平。

◆ 著　　　　龙　飞
　责任编辑　张　贞
　责任印制　周昇亮
◆ 人民邮电出版社出版发行　　北京市丰台区成寿寺路 11 号
　邮编　100164　　电子邮件　315@ptpress.com.cn
　网址　http://www.ptpress.com.cn
　北京方嘉彩色印刷有限责任公司印刷
◆ 开本：700×1000　1/16
　印张：11　　　　2018 年 5 月第 1 版
　字数：228 千字　　　　2018 年 5 月北京第 1 次印刷

定价：49.00 元

读者服务热线：(010)81055296　印装质量热线：(010)81055316
反盗版热线：(010)81055315
广告经营许可证：京东工商广登字 20170147 号

前　言

随着手机和相机的普及，数码照片的后期处理是现代社会必不可少的一项服务。因为数码相机既有优点也有缺点，它不能完美的把景物展现在人们的眼前，所以对照片的后期处理显得极其重要，它可以使照片更加完美、生动和形象。

本书概括了Photoshop CC 2017软件中用于风光、人像、细节精修照片的后期处理的重要操作方法和知识点，并且在书中以图文并茂的方式进行精细的讲解，对于后期中的二次构图、调整光影和调色，都是图片和文字相对应的进行讲解，达到软件的操作与讲解同步进行，并且选择最具代表性的风光、人像等照片结合Photoshop CC 2017的实际操作来实现实际的应用。

现在，人们发朋友圈已成为一种时尚潮流，大家已经不满足于抬手一拍出来的效果，开始注重了两点：一是后期基础，二是后期实战，于是，紧扣这两点需求，策划了本书。书中每节都是单个的操作案例，读者可以边学边用，快速学有所成。以下是本书内容结构图。

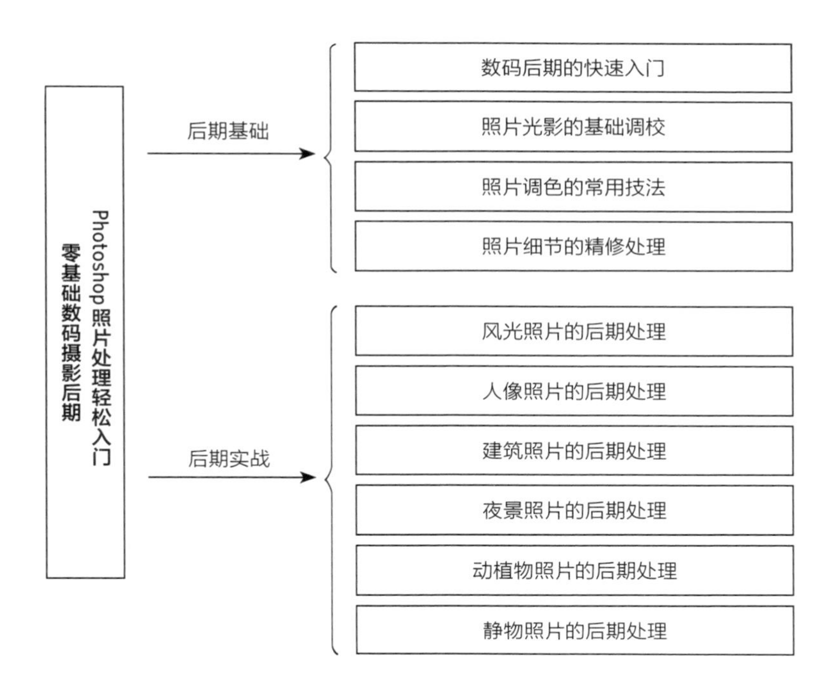

本书简单易学，可以帮助初学者成为一个玩转照片的高手。随书资源包含了所有实例的素材和源文件，方便读者在学习过程中观看和进行实际操作。另外，随书资源中还包含了实例操作的高清多媒体视频，便于不爱看书的读者学习，用最简单的方式去展示照片的后期处理。

本书主要目的就是要想帮助摄影师和摄影爱好者，循序渐进地掌握后期处理的操作方法。也整理出了专业的后期处理流程，帮助读者花最少的时间、最简单的操作达到最好的画面效果，并通过后期弥补前期的不足之处。

本书是我和摄友们实战修片的一点心得分享，读者如果有疑问，非常欢迎与我沟通，我的微信号是157075539，如果想学习更多技巧，可关注公众号“手机摄影构图大全”（goutudaquan），也可以扫下面的二维码关注。

参与本书编写的人员还有李湘晴、苏高、徐必文、黄建波、王甜康、罗健飞、谭俊杰、刘伟、颜信、王群、谭文彪、包超锋、严茂钧、卢博、黄海艺、夏洁、张志科、黄玉洁等摄友和模特们，在此深表感谢！

笔　者

资源下载说明

本书附赠案例配套素材文件及多媒体教学视频，扫描“资源下载”二维码，关注我们的微信公众号，即可获得下载方式。资源下载过程中如有疑问，可通过客服邮箱与我们联系。

客服邮箱：songyuanyuan@ptpress.com.cn

扫一扫 学摄影

资　源　下　载

扫　描　二　维　码
下载本书配套资源

目录

01

第1章　数码后期的快速入门

学习提示

想要学习数码照片后期处理的知识和技巧，必须要了解Photoshop CC 2017图像处理软件的基本操作功能，例如在Photoshop CC 2017中怎么样置入、存储、关闭、移动、删除、缩放与翻转数码照片，怎样再次对照片进行裁剪达到再一次构图的形式效果。

1.1 数码照片基本操作

Photoshop CC 2017作为一款图像处理软件，绘图和图像处理是它的独特之处。在使用Photoshop CC 2017开始处理照片之前，需要先了解此软件的一些基本操作，如置入照片图像、打开数码照片、存储数码照片和关闭数码照片等。熟练掌握各种操作，才可以更好、更快地设计作品。

1.1.1 置入照片图像

在Photoshop中置入图像文件，是指将所选择的文件置入到当前编辑窗口中，然后在Photoshop中进行编辑。Photoshop CC 2017所支持的格式都能通过“置入嵌入的智能对象”命令将指定的图像文件置入当前编辑的文件中。

步骤 01 单击“文件”|“打开”命令，打开一幅素材图像，如图1-1所示。

步骤 02 然后单击“文件”|“置入嵌入的智能对象”命令，如图1-2所示。

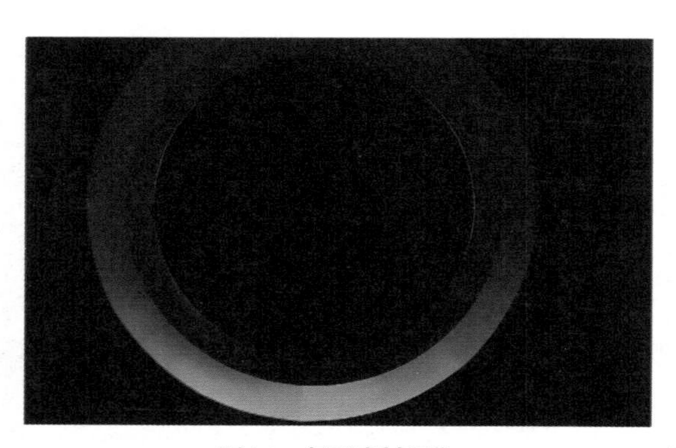

图1-1 打开素材图像

图1-2 单击“置入嵌入的智能对象”命令

专家指点

在Photoshop中可以对视频帧、注释和WIA等内容进行编辑，当新建或打开图像文件后，单击“文件”|“置入嵌入的智能对象”命令，可将内容置入到图像中。置入文件是因为一些特殊格式无法直接打开，Photoshop软件无法识别。置入的过程中，软件会自动把它转换为可识别格式，打开的就是软件可以直接识别的文件格式，Photoshop直接保存会将其默认存储为psd格式文件，另存为或导出就可以根据需求存储为特殊格式。

步骤 03 在弹出“置入嵌入的对象”的对话框中，选择需要置入的文件，单击“置入”按钮，即可置入图像文件。将鼠标指针移动至置入文件控制点上，按住【Shift】键的同时单击鼠标左键拖动文件控制点，即可等比例缩放图像，效果如图1-3所示。

步骤 04 执行上述操作后，将鼠标指针移动至置入文件上，单击并拖动鼠标，将置入文件移动至合适位置，然后按【Enter】键确认，效果如图1-4所示。

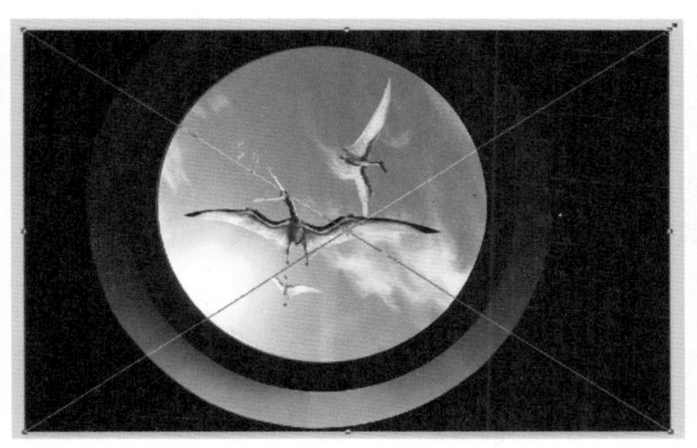

图1-3 等比例缩放图像

图1-4 最终效果

专家指点

运用“置入”命令，可以在图像中放置EPS、AI、PDP和PDF格式的图像文件，该命令主要用于将一个矢量图像文件转换为位图图像文件。放置一个图像文件后，系统将创建一个新的图层。需要注意的是，CMYK模式的图像文件只能置入与其模式相同的图像。

1.1.2 打开数码照片

Photoshop CC 2017不仅可以支持多种图像的文件格式，还可以同时打开多个图像文件。若要在Photoshop中编辑一个图像文件，首先需要将其打开。

步骤 01 单击“文件”|“打开”命令，弹出“打开”对话框，选择相应的素材图像，如图1-5所示。

步骤 02 单击“打开”按钮，即可打开所选择的图像文件，效果如图1-6所示。

图1-5 选择素材

图1-6 打开图像文件

1.1.3　存储数码照片

新建文件或者对打开的文件进行了编辑后，应及时地保存图像文件，以免因各种原因而导致文件丢失。Photoshop CC 2017可以支持20多种图像格式，所以用户可以选择不同的格式存储文件。

步骤 01　单击“文件”|“打开”命令，打开一幅素材图像，如图1-7所示。

步骤 02　单击“文件”|“存储为”命令，弹出“另存为”对话框，设置“文件名”为1.1.3，“保存类型”为JPEG，如图1-8所示，单击“保存”按钮，在弹出的信息提示框中，单击“确定”按钮，即可完成操作。

图1-7　选择素材

图1-8　打开图像文件

“另存为”对话框各选项的主要含义如下。

- **另存为**：用户保存图像文件的位置。
- **文件名 / 保存类型**：用户可以输入文件名，并根据不同的需要选择文件的保存格式。
- **作为副本**：勾选该复选框，可以另存一个副本，并且与源文件保存的位置一致。
- **Alpha通道 / 图层 / 专色**：用来选择是否存储Alpha通道、图层和专色。
- **注释**：用户自由选择是否存储注释。
- **缩览图**：创建图像缩览图，方便以后在“打开”对话框中的底部显示预览图。
- **ICC配置文件**：用于保存嵌入文档中的ICC配置文件。
- **使用校样设置**：当文件的保存格式为EPS或PDF时，才可勾选该复选框。

专家指点

除了运用上述方法可以弹出“存储为”对话框外，还有以下两种方法。

- **快捷键1**：按【Ctrl＋S】组合键。
- **快捷键2**：按【Ctrl＋Shift＋S】组合键。

1.1.4 关闭数码照片

在Photoshop CC 2017中完成图像的编辑后，若不再需要该图像文件，可以采用以下的方法关闭文件，以保证计算机的运行速度不受影响。

❖ **关闭文件**：单击“文件”|“关闭”命令，或者按【Ctrl + W】组合键，如图1-9所示。

❖ **关闭全部文件**：如果在Photoshop中打开了多个文件，可以单击“文件”|“关闭全部”命令，关闭所有文件。

❖ **退出程序**：单击“文件”|“退出”命令，或者单击程序窗口右上角的“关闭”按钮，如图1-10所示。

图1-9 单击“关闭”命令

图1-10 单击“关闭”按钮

1.2 编辑数码照片

在Photoshop CC 2017中，移动、删除、缩放与翻转照片是图像处理的基本操作。本节主要介绍移动、删除、缩放与翻转照片的操作方法。

1.2.1 移动

在Photoshop CC 2017中，移动工具是最常用的工具之一，图层、选区内的图像，甚至整个图像都可以通过移动工具进行位置的调整。选中移动工具后，其属性栏的变化如图1-11所示。

图1-11 移动工具属性栏

移动工具属性栏各选项的主要含义如下。

❖ **自动选择**：如果文档中包含多个图层或图层组，可在勾选该复选框的同时单击“选择或图层”按钮，在弹出的下拉列表框中选择要移动的内容。选择“组”选项，在图像中单击时，可自动选择工具下面包含像素的最顶层的图层所在的图层组；选择“图层”选项，使用移动工具在画面中单击时，可自动选择工具下面包含像素的最顶层的图层。

❖ **显示变换控件**：勾选中该复选框以后，系统会在选中图层内容的周围显示变换框，通过拖动控制点可对图像进行变换操作。

❖ **对齐图层**：选择两个或两个以上的图层，可以单击相应按钮，使所选的图层对齐。包括顶对齐、垂直居中对齐、底对齐、左对齐、水平居中对齐和右对齐。

❖ **分布图层**：选择3个或3个以上的图层，可单击相应的按钮，使所选的图层按照一定的规则分布。这些按钮包括按顶分布、垂直居中分布、按底分布、按左分布、水平居中分布和按右分布。

❖ **自动对齐图层**：选择3个或3个以上的图层，可以单击该按钮，在弹出的“自动对齐图层”对话框中，可选择“自动”“透视”“拼贴”“圆柱”“球面”和“调整位置”6个单选按钮，如图1-12所示。

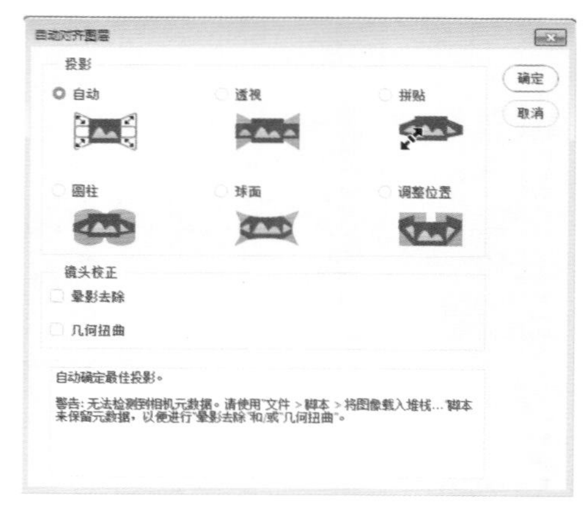

图1-12 “自动对齐图层”对话框

下面就来介绍移动图像素材的操作方法。

步骤 01 单击“文件”|“打开”命令，打开两幅psd素材图像，如图1-13所示。

步骤 02 选取移动工具，将鼠标指针移至“1.2.1(1)”图像编辑窗口中，单击并拖曳至“1.2.1(2)”图像编辑窗口中，释放鼠标左键，即可移动图像，效果如图1-14所示。

图1-13 “打开素材图像

图1-14 移动图像

步骤 03 在“图层”面板中，选择“图层 1”图层，单击并向下拖曳至“图层 0”图层下方，释放鼠标左键，调整图层顺序，效果如图 1-15 所示。

步骤 04 选择“图层 1”图层，单击“编辑”|“变换”|“缩放”命令，调出变换控制框，将鼠标指针移至控制框右上角的控制点上，单击并拖曳，以调整图像的大小，并将其调整至合适位置，再选中“图层 0”图层，重复上述操作，最终效果如图 1-16 所示。

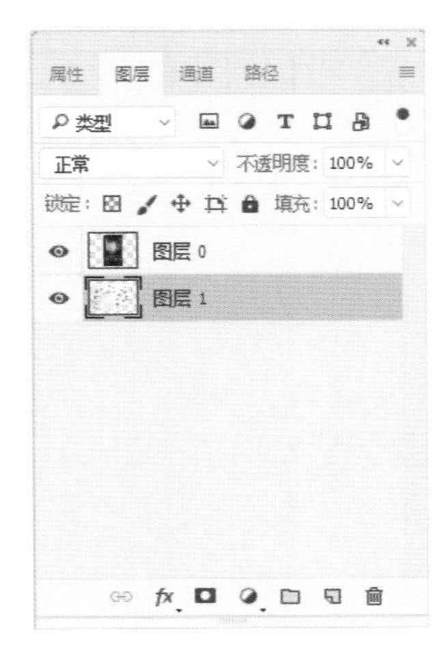

图1-15　调整图层顺序

图1-16　最终效果

1.2.2　删除

在处理照片的过程中，会创建许多内容不同的图层或图像，将多余的、不必要的图层或图像删除，不仅可以节省磁盘空间，也可以提高软件运行速度。下面介绍删除图像素材的操作方法。

步骤 01 单击“文件”|“打开”命令，打开一幅素材图像，如图 1-17 所示。

步骤 02 选取工具箱中的移动工具，将鼠标指针移至需要删除的图像上，单击鼠标右键，在弹出的快捷菜单中选择“图层 1”图层，如图 1-18 所示。

图1-17　打开素材图像

图1-18　选择“图层 1”

步骤 03 执行上述操作后，“图层1”图层处于被选中的状态，将鼠标指针移至“图层1”图层上，单击并拖曳至“图层”面板下方的“删除图层”按钮上，如图1-19所示。

步骤 04 释放鼠标左键，即可删除“图层1”图层，效果如图1-20所示。

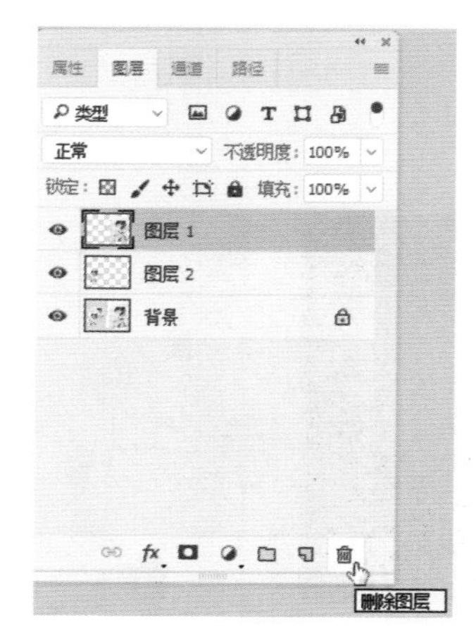

图1-19 拖曳至“删除图层”按钮上

图1-20 最终效果

1.2.3 缩放与翻转

在设计图形或调入照片时，角度的改变可能会影响整张照片的效果，通过缩放或旋转图像，能使平面图像显示视角独特，也可以将倾斜的照片纠正。

步骤 01 单击“文件”|“打开”命令，打开一幅素材图像，如图1-21所示。

步骤 02 在图层面板中选中“图层0”图层，单击“编辑”|“变换”|“缩放”命令，如图1-22所示。

图1-21 打开素材图像

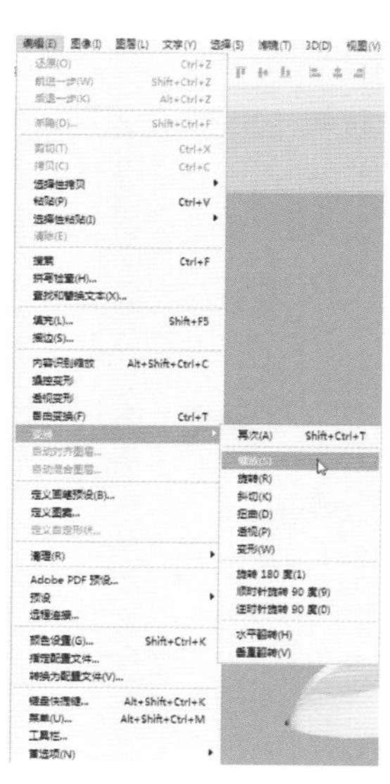

图1-22 单击“缩放”命令

步骤 03 将鼠标指针移至变换控制框右上方的控制柄上，当鼠标指针呈双向箭头形状时，单击并向左下方拖曳，缩放至合适位置，效果如图1-23所示。

步骤 04 将鼠标指针移至变换框内的同时，单击鼠标右键，在弹出的快捷菜单中选择“旋转”选项，如图1-24所示。

图1-23 缩放至合适位置

图1-24 选择“旋转”选项

步骤 05 将鼠标指针移至变换控制框右上方的控制柄外，当鼠标指针呈形状时，单击并向逆时针方向旋转，效果如图1-25所示。

步骤 06 执行上述操作后，按【Enter】键确认，即可旋转图像，最终效果如图1-26所示。

图1-25 逆时针方向旋转图像

图1-26 最终效果

专家指点

对照片进行缩放与旋转操作时，按住【Shift】键的同时，单击鼠标并拖曳，可以等比例缩放图像。

1.3 使用经典构图法则裁剪照片

专业摄影师所拍摄的照片，都会有构图的形式在里面，从而实现一幅完整的摄影作品，在前期拍摄时，如果构图没有掌握好，只能靠后期来处理照片的构图形式。

1.3.1 常用的摄影构图技法

九宫格构图法就是在照片中的水平和垂直方向各画两条相等距离的线条，组成9个相同的矩形，并且9个矩形的交汇处有4个汇聚点，把照片的主体调整至某个汇聚点上，即可达到画面平稳的构图效果，这就是九宫格构图法，如图1-27所示。

图1-27　九宫格构图

黄金分割构图法就是在照片中绘制一个矩形，并在矩形中画一条对角线，再在另外两个角的方向各绘制一条垂直于对角线的线条，则会形成两个交汇处，把照片主体对象调整至两个交汇处的任意一处，打造突出主体的效果，这就是黄金分割构图法，如图1-28所示。

图1-28　黄金分割法构图

1.3.2　使用三分法裁剪照片

在拍摄照片时，有些照片构图不合理，所以需要在Photoshop中选取裁剪工具中的“三等分”功能，裁剪照片，进行再一次构图，本实例处理前后的效果如图1-29所示。

图1-29　使用三分法裁剪照片

步骤 01 单击“文件”|“打开”命令，打开一幅素材图像，如图1-30所示。

步骤 02 选择工具箱中的裁剪工具按钮，在其选项栏中单击“设置裁剪工具的叠加选项”按钮，在弹出的下拉菜单中选择“三等分”选项，如图1-31所示。

图1-30 打开素材图像

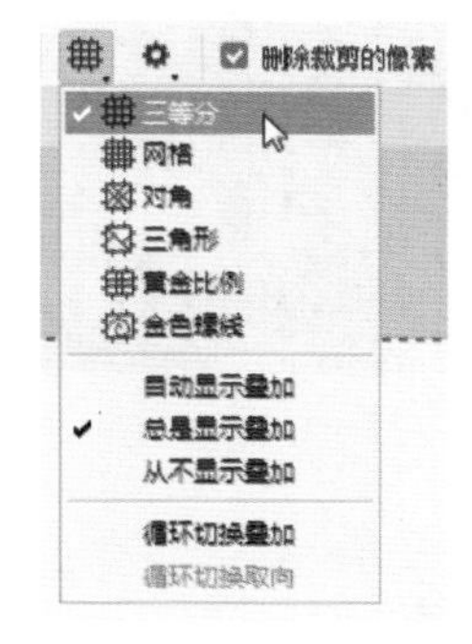

图1-31 设置裁剪工具的叠加选项

步骤 03 移动鼠标指针在图像窗口单击并拖曳创建裁剪框，并对裁剪框进行调整，如图1-32所示。

步骤 04 完成对裁剪框的编辑后，可以对照片进行裁剪。选择工具箱中的移动工具，会弹出对话框，提示是否裁剪，单击“裁剪”按钮，最终效果如图1-33所示。

图1-32 创建裁剪框

图1-33 最终效果

专家指点

在对主体对象进行三分法裁剪时，可以将主体对象放置在水平三分线或垂直三分线上，这样的构图效果会更加吸引人们的眼球。

1.3.3 打造黄金分割构图效果

在后期处理中，选取裁剪工具中的“三角形”功能，可以使用黄金分割三角形裁剪照片，打造出完美的构图效果，本实例处理前后的效果如图1-34所示。

图1-34　打造黄金分割构图效果

步骤 01　单击“文件”|“打开”命令，打开一幅素材图像，如图1-35所示。

步骤 02　选择工具箱中的裁剪工具按钮 ，在其选项栏中单击“设置裁剪工具的叠加选项”按钮 ，在弹出的下拉菜单中选择“三角形”选项，如图1-36所示。

图1-35　打开素材图像

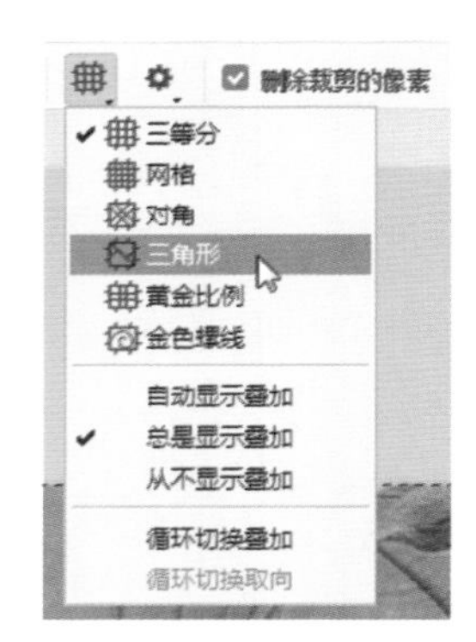

图1-36　设置裁剪工具的叠加选项

步骤 03　移动鼠标指针在图像窗口单击并拖曳创建裁剪框，并对裁剪框进行调整，将主体对象放置在交叉点上，然后按【Enter】键确认裁剪，最终效果如图1-37所示。

图1-37　最终效果

1.3.4 打造美丽和谐的水平线构图效果

利用拉直裁剪功能可以对倾斜的照片进行拉直处理，打造出水平线的构图形式。本实例处理前后的效果如图1-38所示。

图1-38 打造美丽和谐的水平线构图效果

步骤 01 单击“文件”|“打开”命令，打开一幅素材图像，如图1-39所示。

步骤 02 选择工具箱中的裁剪工具，在其选项栏中单击“拉直”选项前的按钮，移动鼠标指针在画面中单击，沿着画面绘制一条直线，创建照片的水平基线，如图1-40所示。

图1-39 打开素材图像

图1-40 创建水平基线

专家指点

在创建基准线时，如果没有准确地拉直水平基线，可以使用选项栏中的拉直工具再次调整基准线至满意为止。

步骤 03 绘制完水平基线后，释放鼠标，会自动创建带有一定角度的裁剪框，并进行调整，如图1-41所示。

步骤 04 完成裁剪框的编辑后，选择移动工具，会弹出对话框，单击“裁剪”按钮确认裁剪，最终效果如图1-42所示。

图1-41　创建裁剪框

图1-42　最终效果

1.3.5　打造青春活泼的对角线构图效果

经典的竖画幅构图手法，画面容易显得有些呆板，想要打造出青春活泼的画面效果，可以在后期处理中，对照片进行旋转裁剪，打造对角线构图效果，展现出画面的青春气息，本实例修改前后的效果如图1-43所示。

图1-43　打造青春活泼的对角线构图效果

步骤 01　单击“文件”|“打开”命令，打开一幅素材图像，如图1-44所示。

步骤 02　选择工具箱中的裁剪工具，移动鼠标指针在图像上单击，将会出现裁剪框，用裁剪框把图像全部框选，如图1-45所示。

步骤 03　将鼠标指针放在裁剪框任意直角的外部，会出现弯曲的双箭头，单击并拖曳裁剪框进行旋转，当人物与对角线重合的状态下，按【Enter】键确认裁剪，如图1-46所示。

步骤 04 旋转裁剪后，照片四周会出现空白，这时选择仿制图章工具，在选项栏设置，以对空缺部分进行修复，最终效果如图1-47所示。

图1-44 打开素材图像

图1-45 选择裁剪工具

图1-46 旋转裁剪选框

图1-47 最终效果

专家指点

对于构图的技巧，如果想深入学习，可以关注公众号“手机摄影构图大全”，里面从横向、纵向两个维度，讲解了500多种构图方法，且都是原创内容，含金量很高，能够帮助读者快速提高摄影构图的功力。

02

第2章　照片光影的基础调校

学习提示

照片光影的基础调校主要运用到“曝光度”“亮度/对比度”“色阶”“曲线”“色相/饱和度”等调整命令，可以帮助用户解决照片的曝光问题，调整照片的光影对比效果，打造出充满魅力的画面效果。

2.1　调整照片明暗的基本技法

光与影对于任何图像的处理都是非常重要的，两者总是形影不离。一般在照片拍摄时，由于一些客观因素，导致拍摄出来的照片曝光不足或曝光过度等问题，因此在后期处理中可以调整照片的明暗关系，使之更加完美。

2.1.1　调整曝光不足的照片

翠绿的荷叶像是一把把撑开的油纸伞，亭立在碧波之上。在后期处理中，可以运用“曝光度”“亮度/对比度”命令来调整照片的曝光不足和明暗对比度，再利用“色相/饱和度”命令加强画面的色彩饱和度，展现出碧绿的荷叶。本实例处理前后的效果如图2-1所示。

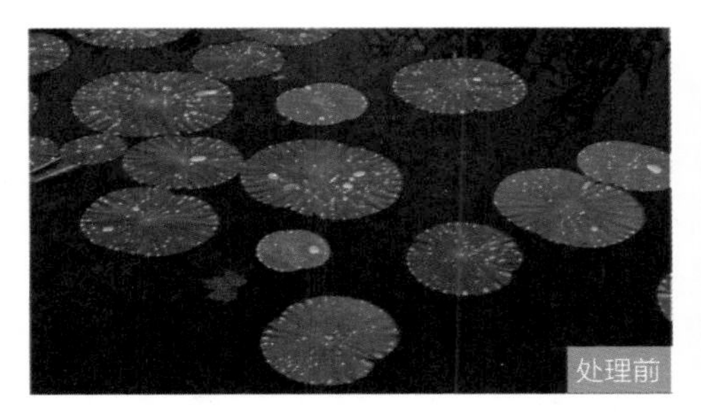

图2-1　调整曝光不足的照片

步骤 01　单击“文件”|“打开”命令，打开一幅素材图像，如图2-2所示。

步骤 02　按【Ctrl + J】组合键，复制图层，得到“图层1”图层，打开“调整”面板，单击“曝光度”按钮，新建“曝光度 1”调整图层，设置“曝光度”为1.06，“位移”为−0.0107，“灰度系数校正”为0.93，如图2-3所示。

图2-2　打开素材图像

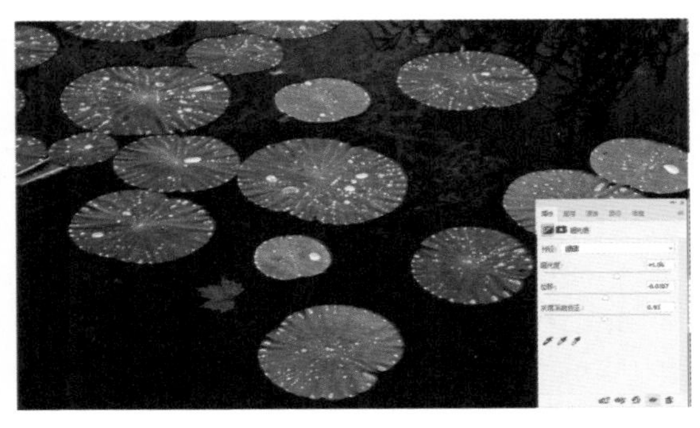

图2-3　调整曝光度

步骤 03　打开“调整”面板，单击“亮度/对比度”按钮，新建“亮度/对比度 1”调整图层，设置“亮度”为20，“对比度”为12，如图2-4所示。

步骤 04　打开“调整”面板，单击“色相/饱和度”按钮，新建“色相/饱和度 1”调整图层，设置“饱和度”为12，最终效果如图2-5所示。

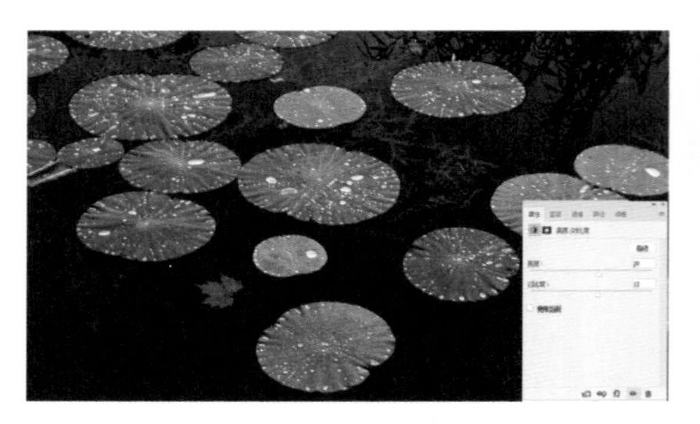

图2-4　调整亮度/对比度

图2-5　最终效果

2.1.2　恢复曝光过度的照片

在拍摄森林的照片时，因为太阳光强烈，导致照片曝光过度，展现不出森林的生机勃勃，因此，在后期处理时运用“曝光度”“亮度/对比度”“色阶”等命令来调整画面影调，展现出郁郁葱葱的森林效果。本实例处理前后的效果如图2-6所示。

图2-6　恢复曝光过度的照片

步骤 01　单击“文件”|“打开”命令，打开一幅素材图像，如图2-7所示。

步骤 02　按【Ctrl + J】组合键，复制图层，得到“图层1”图层，如图2-8所示。

图2-7　打开素材图像

图2-8　复制图层

步骤 03　打开“调整”面板，单击“曝光度”按钮，新建“曝光度 1”调整图层，设置“灰度系数校正”为0.42，降低画面的曝光，使画面变暗，如图2-9所示。

步骤 04　打开“调整”面板，单击“色阶”按钮，新建“色阶 1”调整图层，设置RGB的参数为23、1.00、255，如图2-10所示。

图2-9　调整曝光度

图2-10　调整色阶

步骤 05　打开“调整”面板，单击“亮度/对比度”按钮，新建“亮度/对比度 1”调整图层，设置“亮度”为5，“对比度”为8，如图2-11所示。

步骤 06　打开“调整”面板，单击“自然饱和度”按钮，新建“自然饱和度 1”调整图层，设置“自然饱和度”为10，“饱和度”为2，最终效果如图2-12所示。

图2-11　调整亮度/对比度

图2-12　最终效果

2.1.3　调整照片的亮度和对比度

在拍摄河流的照片时，由于光线强烈，反光严重，导致照片的高光和阴影部分对比不明显，因此在后期处理时，可以运用“亮度/对比度”“色阶”等命令调整照片的影调，使照片色彩的亮度和对比度恢复。本实例处理前后的效果如图2-13所示。

图2-13　调整照片的亮度和对比度

步骤 01　单击“文件”|“打开”命令，打开一幅素材图像，如图2-14所示。

步骤 02　按【Ctrl + J】组合键，复制图层，得到“图层1”图层，新建“亮度/对比度 1”调整图层，设置“亮度”为50，“对比度”为34，如图2-15所示。

图2-14　打开素材图像

图2-15　调整亮度/对比度

步骤 03　新建“自然饱和度 1”调整图层，设置“自然饱和度”为30，如图2-16所示。

步骤 04　新建“色阶 1”调整图层，设置RGB参数为10、1.44、250，最终效果如图2-17所示。

图2-16　调整自然饱和度

图2-17　最终效果

2.2 不同方向光线的4种表现

光线是可以让人们直接看清事物本身的最基本条件，也是直接影响画面效果的重要因素之一。有了光，景物才能看上去多姿多彩，当光线从不同的角度照射时，画面表现出来的效果也各有千秋。

2.2.1 顺光画面的影调处理

在顺光状态下拍摄的照片，照片呈现的画面是最真实的状态。在后期处理中，可以运用“亮度/对比度”“曲线”“色阶”等命令来调整照片的明暗对比，加强画面的层次感。本实例处理前后的效果如图2-18所示。

图2-18　顺光画面的影调处理

步骤01　单击“文件”|“打开”命令，打开一幅素材图像，如图2-19所示。

步骤02　按【Ctrl + J】组合键，复制图层，得到“图层1”图层，设置“图层1”的“混合模式”为“柔光”，“不透明度”为51%，如图2-20所示。

图2-19　打开素材图像

图2-20　调整混合模式

步骤03　打开“调整”面板，单击“亮度/对比度”按钮，新建“亮度/对比度 1”调整图层，在打开的“属性”面板中设置“亮度”为16，“对比度”为36，如图2-21所示。

步骤 04 打开“调整”面板，单击“曲线”按钮，新建“曲线 1”调整图层，在打开的“属性”面板中设置RGB的“输入”为61“输出”为81；选中“图层1”图层，将该图层填充为黑色，并使用白色画笔工具将景物涂抹出来；再继续新建“曲线 2”调整图层，设置RGB的“输入”为126，“输出”为108，最终效果如图2-22所示。

图2-21 调整亮度/对比度

图2-22 最终效果

2.2.2 突出逆光下的古楼美景

在利用逆光拍摄古楼时，可以展现出古楼鲜明的轮廓感。在后期处理中，可以使用“色阶”“曲线”“亮度/对比度”等命令来调整图像影调，加强对比效果，突出逆光下的古楼美景。本实例处理前后的效果如图2-23所示。

图2-23 突出逆光下的古楼美景

步骤 01 单击“文件”|“打开”命令，打开一幅素材图像，如图2-24所示。

步骤 02 按【Ctrl + J】组合键，复制图层，得到“图层1”图层，再打开“调整”面板，单击“色阶”按钮，新建“色阶 1”调整图层，设置RGB参数为4、1.89、255，如图2-25所示。

步骤 03 新建“亮度/对比度 1”调整图层，设置“亮度”为16，“对比度”为53，如图2-26所示。

步骤 04 选择“图层 1”图层，展开“通道”面板，显示所有的通道颜色信息，再单击面板底部的“将通道作为选区载入”按钮 ，如图2-27所示。

图2-24 打开素材图像

图2-25 调整色阶

图2-26 调整亮度/对比度

图2-27 展开通道/载入选区

步骤 05 新建“曲线 1”调整图层，在打开的“属性”面板中设置RGB的“输入”为62，“输出”为98，如图2-28所示。

步骤 06 按【Ctrl】键的同时单击“曲线 1”调整图层的图层缩览图，新建“色相/饱和度 1”调整图层，设置“色相”为−13，“饱和度”为34，“明度”为38，最终效果如图2-29所示。

图2-28 调整曲线

图2-29 最终效果

2.2.3 展现顶光下的梯田风光

美不胜收的梯田在顶光的照耀下，使人仿佛进入了神秘仙境。想要达到这样的画面效果，在后期处理中，利用“曲线”“亮度/对比度”命令加强画面明暗对比，再利用“色相/饱和度”命令来调整画面的色彩浓度，制造出神秘仙境的画面效果。本实例处理前后的效果如图2-30所示。

图2-30　展现顶光下的梯田风光

步骤01　单击“文件”|“打开”命令，打开一幅素材图像，如图2-31所示。

步骤02　新建“亮度/对比度 1”调整图层，设置“亮度”为10，“对比度”为36，如图2-32所示。

图2-31　打开素材图像

图2-32　调整亮度/对比度

步骤03　新建“色相/饱和度 1”调整图层，设置“饱和度”为43，如图2-33所示。

步骤04　新建“曲线 1”调整图层，设置RGB的“输入”为131，“输出”为118，再将该调整图层填充为黑色，并使用白色画笔工具将天空涂抹出来，最终效果如图2-34所示。

图2-33　调整色相/饱和度

图2-34　最终效果

2.2.4　突出侧光照片的层次感

雄伟浑厚的高楼大厦在侧光的照射下，可以展现出鲜明的立体感。在后期处理中，利用“色阶”“曲线”等命令来调整画面的光影效果，突出侧光照片的层次感。本实例处理前后的效果如图2-35所示。

图2-35　突出侧光照片的层次感

步骤01　单击“文件”|“打开”命令，打开一幅素材图像，如图2-36所示。

步骤02　打开“调整”面板，单击“色阶”按钮，新建“色阶 1”调整图层，在打开的“属性”面板中设置RGB参数为34、1.00、226，如图2-37所示。

图2-36　打开素材图像

图2-37　调整色阶

步骤 03 打开“调整”面板，单击“色相/饱和度”按钮，新建“色相/饱和度 1”调整图层，在打开的“属性”面板中设置“饱和度”为31，如图2-38所示。

步骤 04 打开“调整”面板，单击“亮度/对比度”按钮，新建“亮度/对比度 1”调整图层，在打开的“属性”面板中设置“亮度”为−20，“对比度”为57，最终效果如图2-39所示。

图2-38 调整色相/饱和度

图2-39 最终效果

2.3 不同时间段光线的5种表现

利用不同时间段的自然光拍摄景物，拍摄出的照片会有不同的画面效果，所以在进行后期处理之前，了解不同时段的光线效果是很有必要的。

2.3.1 展现清晨的城市全景

清晨的阳光在晨雾的影响下，导致画面效果灰蒙蒙的，饱和度偏低，在后期处理中，使用“色阶”“自然饱和度”等命令来调整图像的明暗对比和加强画面的饱和度效果，展现清晨的城市全景。本实例处理前后的效果如图2-40所示。

图2-40 展现清晨的城市全景

步骤 01 单击“文件”|“打开”命令，打开一幅素材图像，如图2-41所示。

步骤 02 按【Ctrl + J】组合键，复制图层，得到“图层1”图层，新建“色阶 1”调整图层，设置RGB的参数为0、0.83、228，如图2-42所示。

图2-41　打开素材图像

图2-42　调整色阶（1）

步骤03　选中“图层1”图层，展开通道面板，显示所有颜色选项，再单击面板底部的“将通道作为选区载入”按钮 ，如图2-43所示。

步骤04　新建“色阶 2”调整图层，在打开的“属性”面板中设置RGB通道的参数为16、0.94、255，“红”通道的参数为7、0.68、247，如图2-44所示。

图2-43　调整展开通道

图2-44　调整色阶（2）

步骤05　在新建的“色阶 2”调整图层中，在打开的“属性”面板中设置“绿”通道的参数为0、0.81、240，“蓝”通道的参数为42、1.10、213，如图2-45所示。

步骤06　新建“自然饱和度 1”调整图层，在打开的“属性”面板中设置“自然饱和度”为83，最终效果如图2-46所示。

图2-45　调整色阶（3）

图2-46　最终效果

2.3.2 展现上午清晰的人物照

在拍摄人物照片时，上午是展现人物自身魅力的最好时段。在后期处理中，利用“色阶”“曲线”命令来调整画面的影调，再利用“色相/饱和度”命令调整色彩的饱和度，展现上午清晰的人像照。本实例处理前后的效果如图2-47所示。

图2-47 展现上午清晰的人像照

步骤 01 单击“文件”|“打开”命令，打开一幅素材图像，如图2-48所示。

步骤 02 打开“调整”面板，单击“色阶”按钮，新建“色阶 1”调整图层，在打开的“属性”面板中设置RGB参数为0、1.00、211，如图2-49所示。

图2-48 打开素材图像

图2-49 调整色阶

步骤 03 打开“调整”面板，单击“色相/饱和度”按钮，新建“色相/饱和度 1”调整图层，在打开的“属性”面板中设置“饱和度”为13，“明度”为7，如图2-50所示。

步骤 04 打开“调整”面板，单击“曲线”按钮，新建“曲线 1”调整图层，在打开的“属性”面板中设置RGB通道的第一个控制点“输入”为49，“输出”为99，第二个控制点“输入”为131，“输出”为217，最终效果如图2-51所示。

图2-50　调整色相/饱和度

图2-51　最终效果

2.3.3　展现正午强光下的山丘

正午的光线从头顶上方照射下来，使画面的明暗对比非常强烈，在后期处理中，可以利用“曝光度”“色阶”“曲线”等命令来调整图像，增加图像的明暗对比，以展现正午强光下的山丘美景。本实例处理前后的效果如图2-52所示。

图2-52　展现正午强光下的山丘

步骤 01　单击“文件”|“打开”命令，打开一幅素材图像，如图2-53所示。

步骤 02　新建“曝光度 1”调整图层，设置“曝光度”为0.65，“灰度系数校正”为0.95，如图2-54所示。

图2-53　打开素材图像

图2-54　调整“曝光度”

步骤 03　打开“调整”面板，单击“色阶”按钮 ，新建“色阶 1”调整图层，设置RGB的参数为0、0.70、217，如图2-55所示。

步骤 04　新建“曲线 1”调整图层，设置RGB通道的“输入”为120，“输出”为130，设置“蓝”通道的“输入”为116，“输出”为131，如图2-56所示。

图2-55　调整色阶（1）

图2-56　调整曲线

步骤 05　再新建“色阶 2”调整图层，在打开的“属性”面板中设置RGB参数为18、0.88、243，如图2-57所示。

步骤 06　新建“色相/饱和度 1”调整图层，在打开的“属性”面板中设置“饱和度”为49，“明度”为14，最终效果如图2-58所示。

图2-57　调整色阶（2）

图2-58　最终效果

2.3.4　展现夕阳时分的景象

金灿灿的夕阳光辉，仿佛给大地蒙上了一层金黄色的面纱，展现出美丽的日落景象。在后期处理中，利用“色相/饱和度”命令来调整画面的金黄色调浓度，再结合通道中的各个颜色通道调整画面色调，展现出夕阳时分浓郁的日落氛围。本实例处理前后的效果如图2-59所示。

步骤 01　单击“文件”|“打开”命令，打开一幅素材图像，如图2-60所示。

步骤 02　展开“通道”面板，按住【Ctrl】键的同时单击“红”通道，将部分图像载入选区，再新建“色相/饱和度 1”调整图层，设置“黄色”通道的“饱和度”为33，“红色”通道的“饱和度”为40，如图2-61所示。

图2-59 展现夕阳时分的景象

图2-60 打开素材图像

图2-61 调整色相/饱和度（1）

步骤 03 展开“通道”面板，按住【Ctrl】键的同时单击“红”通道，将部分图像载入选区，新建“色阶 1”调整图层，设置RGB参数为26、1.00、234，如图2-62所示。

步骤 04 展开“通道”面板，按住【Ctrl】键的同时单击“蓝”通道，将部分图像载入选区，新建“色相/饱和度 2”调整图层，设置“饱和度”为62，如图2-63所示。

图2-62 调整色阶

图2-63 调整色相/饱和度（2）

步骤 05 展开“通道”面板，按住【Ctrl】键的同时单击“红”通道，将部分图像载入选区，新建“曲线 1”调整图层，设置“红”通道的“输入”为114，“输出”为141，“绿”通道的“输入”为101，“输出”为102，如图2-64所示。

步骤 06 按【Ctrl + Alt + Shift + E】组合键，盖印图层，得到“图层1”图层，单击“滤镜”|“杂色”|“减少杂色”命令，弹出“减少杂色”对话框，数值参数分别为6、8%、53%、5%，单击“确定”按钮，最终效果如图2-65所示。

图2-64 调整曲线

图2-65 最终效果

2.3.5 营造夜晚迷人的灯光

夜幕降临，一盏盏的路灯洒在道路上，为城市增添了一种别样的神秘感。本实例素材中的灯光黯淡，在后期处理中，可以使用“曝光度”“曲线”“色相/饱和度”等命令调整画面的亮度和色彩，营造夜晚迷人的灯光效果。本实例处理前后的效果如图2-66所示。

图2-66 营造夜晚迷人的灯光

步骤 01 单击“文件”|“打开”命令，打开一幅素材图像，如图2-67所示。

步骤 02 新建“曝光度 1”调整图层，设置“曝光度”为0.91，“灰度系数校正”为0.89，如图2-68所示。

步骤 03 打开“调整”面板，单击“色相/饱和度”按钮，新建“色相/饱和度 1”调整图层，在打开的“属性”面板中设置“饱和度”为35，如图2-69所示。

步骤 04 打开“调整”面板，单击“曲线”按钮，新建“曲线 1”调整图层，在打开的“属性”面板中设置“蓝”通道的“输入”为131，“输出”为149，如图2-70所示。

图2-67　打开素材图像

图2-68　调整曝光度

图2-69　调整色相/饱和度

图2-70　调整曲线（1）

步骤 05　在新建的“曲线 1”调整图层中，设置“绿”通道的“输入”为141，“输出”为150，“红”通道的“输入”为76，“输出”为93，如图2-71所示。

步骤 06　按【Ctrl + Alt + Shift + E】组合键，盖印图层，得到“图层1”图层，单击“滤镜”|“模糊”|“表面模糊”命令，在弹出的“表面模糊”对话框中，设置“半径”为18，“阈值”为10，单击“确定”按钮，最终效果如图2-72所示。

图2-71　调整曲线（2）

图2-72　最终效果

2.4 处理人造光的照片影调

人造光与自然光的性质是一样的，在摄影中都是必不可少的。在后期处理中，要利用“曲线”“色阶”“滤镜”等命令来调整图像的整体效果，展现出拍摄主体在人造光照射下完美的效果。

2.4.1 为室内人物添加晕影效果

想要为人物添加晕影效果，需要在后期处理中，利用“镜头校正”“曲线”等命令来调整图像的整体效果，打造出吸引人们眼球的人像照片。本实例处理前后的效果如图2-73所示。

图2-73 为室内人物添加晕影效果

步骤 01 单击“文件”|“打开”命令，打开一幅素材图像，如图2-74所示。

步骤 02 打开“调整”面板，单击“曲线”按钮，新建“曲线 1”调整图层，在打开的“属性”面板中设置RGB的“输入”为128，“输出”为108，如图2-75所示。

图2-74 打开素材图像

图2-75 调整曲线（1）

专家指点

在Photoshop CC 2017中，除了打开“调整”面板，单击“曲线”按钮，可以新建“曲线”外，还可以按【Ctrl＋M】组合键来新建“曲线”。

“曲线”是Photoshop中最强大的调整工具，它具有“色阶”“阈值”“亮度/对比度”等多个命令的功能。在曲线上可以添加14个控制点，这意味着可以对色调进行非常精确的调整。

步骤 03 按【Ctrl + Alt + Shift + E】组合键，盖印图层，得到“图层1”图层，单击“滤镜”|“镜头校正”命令，在弹出“镜头校正”的对话框中单击“自定”标签，设置“晕影”的“数量”为-100，“中点”为32，单击“确定”按钮，效果如图2-76所示。

步骤 04 选择矩形选框工具在合适的地方单击并拖曳绘制选区并进行羽化，再新建“曲线 2”调整图层，设置RGB的“输入”为140，“输出”为122，如图2-77所示。

图2-76　执行镜头校正

图2-77　调整曲线（2）

步骤 05 再次选择矩形选框工具，在人物位置单击并拖曳绘制选区并进行羽化，再新建“曲线 3”调整图层，设置RGB的“输入”为101，“输出”为134，如图2-78所示。

步骤 06 使用魔棒工具，在其选项栏设置“容差”为45，选择人物皮肤部分，并进行羽化，再单击“图层”|“新建”|“图层”命令，新建“图层2”图层，然后选择画笔工具在其选项栏设置“不透明度”为15%，“流量”为15%，并使用白色画笔工具对人物进行提亮，最终效果如图2-79所示。

图2-78　调整曲线（3）

图2-79　最终效果

专家指点

在Photoshop CC 2017中使用魔棒工具时，按住【Shift】键单击可添加选区；按住【Alt】键单击可在当前选区中减去选区；按住【Shift + Alt】组合键单击可得到与当前选区相交的选区。

利用魔棒工具和快速选择工具可以选择色彩变化不大，且色调相近的区域。

2.4.2 展现出人物的冷色调光影

在后期处理中，可以使用“色彩平衡”“照片滤镜”“曲线”等命令来调整图像的影调，最后展现出冷色灯光下人物的独特魅力。本实例处理前后的效果如图2-80所示。

图2-80　展现出人物的冷色调光影

步骤 01　单击“文件”|“打开”命令，打开一幅素材图像，如图2-81所示。

步骤 02　打开“调整”面板，单击“色彩平衡”按钮，新建“色彩平衡 1”调整图层，在打开的“属性”面板中设置“中间调”参数为 −21、6、31，如图2-82所示。

图2-81　打开素材图像

图2-82　调整色彩平衡

步骤 03 打开“调整”面板，单击“曲线”按钮，新建“曲线 1”调整图层，在打开的“属性”面板中设置RGB通道的第一个控制点“输入”为55，“输出”为66，第二个控制点“输入”为134，“输出”为165，如图2-83所示。

步骤 04 打开“调整”面板，单击“照片滤镜”按钮，新建“照片滤镜 1”调整图层，在打开的“属性”面板中设置“滤镜”为“冷却滤镜（LBB）”，“浓度”为12%，如图2-84所示。

图2-83 调整曲线（1）

图2-84 调整照片滤镜

步骤 05 新建“曲线 2”调整图层，在“属性”面板中设置RGB的“输入”为53，“输出”为66，如图2-85所示。

步骤 06 最后使用魔棒工具将人物的皮肤部分选取出来，再新建“曲线 3”调整图层，设置RGB的“输入”为58，“输出”为70，最终效果如图2-86所示。

图2-85 调整曲线（2）

图2-86 最终效果

2.4.3 增强室内的暖色调光影氛围

如果室内光线比较暗，色彩饱和度不高，会呈现出一种冷清的视觉感受。想要增强室内的暖色调，加强温馨的氛围，需要在后期处理中，使用“色阶”“照片滤镜”“色相/饱和度”“曲线”等命令来调整图像的影调效果，增强室内的暖色调光影氛围。本实例处理前后的效果如图2-87所示。

图2-87 增强室内的暖色调光影氛围

步骤 01 单击“文件”|“打开”命令，打开一幅素材图像，如图2-88所示。

图2-88 打开素材图像

步骤 02 打开“调整”面板，单击“色阶”按钮，新建“色阶1”调整图层，设置RGB参数为0，0.95，207，效果如图2-89所示。

图2-89 调整色阶（1）

步骤 03 打开“调整”面板，单击“照片滤镜”按钮，新建“照片滤镜 1”调整图层，在打开的“属性”面板中设置“滤镜”为“加温滤镜（LBA）”，“浓度”为61%，如图2-90所示。

图2-90　执行滤镜

步骤 04 展开“通道”面板，显示所有图像信息，单击面板底部的“将通道作为选区载入”按钮，将图像载入选区，新建“色相/饱和度 1”调整图层，设置“饱和度”为35，如图2-91所示。

图2-91　调整色相/饱和度

步骤 05 打开“调整”面板，单击“色彩平衡”按钮，新建“色彩平衡 1”调整图层，在打开的“属性”面板中设置“中间调”参数为26、0、−18，如图2-92所示。

图2-92　调整色彩平衡

步骤 06 再新建“色阶 2”调整图层，设置RGB参数为4、0.85、241，如图2-93所示。

图2-93　调整色阶（2）

步骤07 打开“调整”面板，单击“曲线”按钮，新建“曲线 1”调整图层，在打开的“属性”面板中设置RGB的“输入”为172，“输出”为150，如图2-94所示。

步骤08 执行上述操作后，即可加强画面的暗部效果，最终效果如图2-95所示。

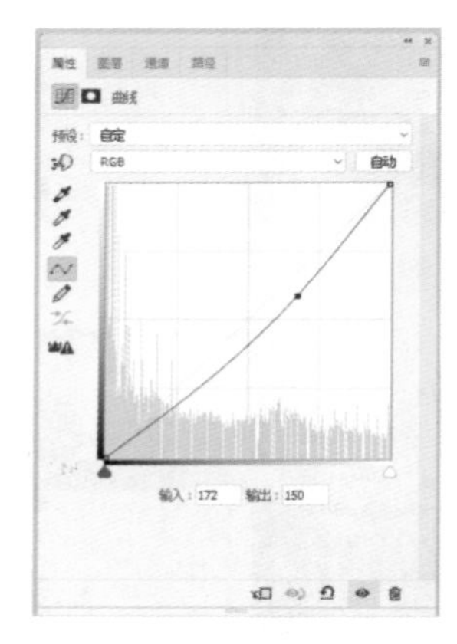

图2-94 调整曲线

图2-95 最终效果

03

第3章　照片调色的常用技法

学习提示

照片调色的常用技法主要运用到“色相/饱和度”“色彩平衡”“亮度/对比度”“色阶”“白平衡工具”“曲线”“自然饱和度”等命令来解决色彩偏色的问题，并且准确地向观众传达情感和思想，让画面富有生机。

3.1 照片色彩的快速调整

色彩是一种艺术语言，具有强大的表现力，刺激着人们的视觉。在后期处理中，有很多个命令可以调整照片的色彩，比如“自动色调”“自动颜色”“色彩平衡”“可选颜色”“色相/饱和度”等命令来调整画面中的色彩，赋予画面生机。

3.1.1 自动调整照片色调

在Photoshop软件中的“自动色调”命令，在后期处理中，可以根据图像整体颜色的明暗程度进行自动调整，使得亮部与暗部的颜色按一定的比例分布，自动调整画面中的色调。本实例处理前后的效果如图3-1所示。

图3-1　自动调整照片色调

步骤 01　单击“文件”|“打开”命令，打开一幅素材图像，如图3-2所示。

步骤 02　按【Ctrl + J】组合键，复制图层，得到“图层1”图层，单击“图像”|“自动色调”菜单命令，并设置“图层1”图层的“混合模式”为“柔光”，如图3-3所示。

图3-2　打开素材图像

图3-3　调整混合模式

步骤 03　打开“调整”面板，单击“色阶”按钮，新建“色阶 1”调整图层，在打开的“属性”面板中设置RGB参数为27、1.71、229，如图3-4所示。

步骤04　打开“调整”面板，单击“色相/饱和度”按钮，新建“色相/饱和度 1”调整图层，在打开的“属性”面板中设置“饱和度”为41，最终效果如图3-5所示。

图3-4　调整色阶

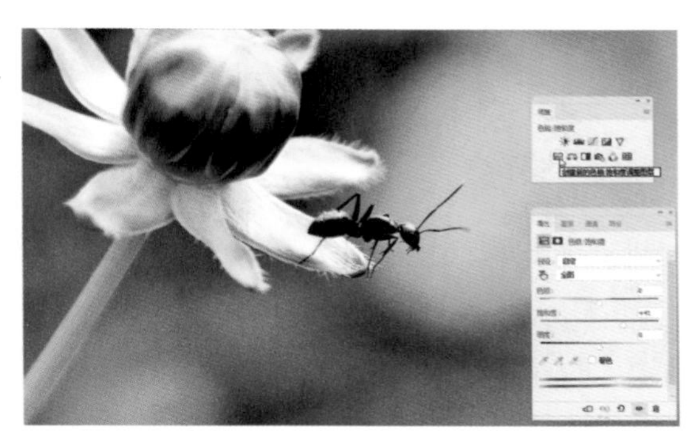

图3-5　最终效果

3.1.2　自动调整照片颜色

在Photoshop软件中的“自动颜色”命令，在后期处理中，可以自动识别图像中的实际阴影、中间调和高光，从而自动更正图像的颜色。本实例处理前后的效果如图3-6所示。

图3-6　自动调整照片颜色

步骤01　单击“文件”|“打开”命令，打开一幅素材图像，如图3-7所示。

步骤02　按【Ctrl + J】组合键，复制图层，得到“图层1”图层，如图3-8所示。

步骤03　单击“图像”|“自动颜色”命令，效果如图3-9所示。

步骤04　打开“调整”面板，单击“曲线”按钮，新建“曲线 1”调整图层，在打开的“属性”面板中设置“红”通道的“输入”为112，“输出”为90，设置“蓝”通道的“输入”为80，“输出”为119，最终效果如图3-10所示。

图3-7　打开素材图像

图3-8　复制图层

图3-9　调整自动颜色

图3-10　最后效果

3.1.3　纠正照片偏色画面

在抓拍照片的过程中，由于光线或角度的问题，可能存在偏色的问题。在后期处理中，利用“色彩平衡”“可选颜色”等命令来调整图像的整体色彩，纠正照片的偏色问题。本实例处理前后的效果如图3-11所示。

图3-11　纠正照片偏色画面

步骤 01 单击“文件”|“打开”命令，打开一幅素材图像，如图3-12所示。

步骤 02 按【Ctrl + J】组合键，复制“背景”图层，得到“图层1”图层，如图3-13所示。

图3-12　打开素材图像

图3-13　复制图层

步骤 03 打开“调整”面板，单击“色彩平衡”按钮 ，新建“色彩平衡 1”调整图层，在打开的“属性”面板中设置“中间调”为−68、49、−30，如图3-14所示。

步骤 04 打开“调整”面板，单击“亮度/对比度”按钮 ，新建“亮度/对比度 1”调整图层，在打开的“属性”面板中设置“亮度”为25，“对比度”为39，如图3-15所示。

图3-14　调整色彩平衡

图3-15　调整亮度/对比度

专家指点

在打开“可选颜色”的面板中，只设置一种颜色，也可以改变图像的色彩效果。设置时要注意，如果对颜色设置不当的话，会打乱暗部和亮部的结构。

步骤 05 打开“调整”面板，单击“色阶”按钮 ，新建“色阶 1”调整图层，在打开的“属性”面板中设置RGB参数为27、0.91、243，如图3-16所示。

步骤 06 打开“调整”面板，单击“可选颜色”按钮 ，新建“选取颜色 1”调整图层，在打开的“属性”面板中设置“红色”通道的“青色”为25%，“洋红”为31%，“黄色”为14%，“黑色”为25%，最终效果如图3-17所示。

图3-16　调整色阶

图3-17　最终效果

3.1.4　增强画面的色彩浓度

干净的水质与色彩明亮的建筑构成的一处风景，给人一种舒适和清爽的感觉。在后期处理中，先利用“自然饱和度”“色相/饱和度”等命令来调整画面的色彩饱和度，再利用“亮度/对比度”命令调整画面的明暗对比，打造出使人心旷神怡的魅力建筑风景。本实例处理前后的效果如图3-18所示。

图3-18　增强画面的色彩浓度

步骤 01　单击“文件”|“打开”命令，打开一幅素材图像，如图3-19所示。

步骤 02　按【Ctrl + J】组合键，复制图层，得到“图层1”图层，如图3-20所示。

图3-19　打开素材图像

图3-20　复制图层

步骤 03 打开“调整”面板，单击“自然饱和度”按钮 ▽，新建“自然饱和度 1”调整图层，在打开的“属性”面板中设置选项“自然饱和度”为71，“饱和度”为21，如图3-21所示。

步骤 04 打开“调整”面板，单击“可选颜色”按钮，新建“选取颜色 1”调整图层，在打开的“属性”面板中设置“绿色”通道的选项“青色”为29%，“洋红”为16%，“黄色”为1%，“黑色”为26%，如图3-22所示。

图3-21 调整自然饱和度

图3-22 调整可选颜色

步骤 05 打开“调整”面板，单击“色相/饱和度”按钮，新建“色相/饱和度 1”调整图层，在打开的“属性”面板中设置选项“色相”为5，“饱和度”为25，“明度”为9，如图3-23所示。

步骤 06 打开“调整”面板，单击“亮度/对比度”按钮，新建“亮度/对比度 1”调整图层，在打开的“属性”面板中设置选项“亮度”为36，“对比度”为35，最终效果如图3-24所示。

图3-23 调整色相/饱和度

图3-24 最终效果

3.2 掌握色彩三要素调整技巧

所有色彩都具有色相、明度和纯度三个要素。在学习色彩处理之前，首先要了解色彩三要素的相关知识。合理地运用颜色，可以使一张照片变得更加具有表现力，打造出完美无瑕的照片。

3.2.1 了解色相、饱和度和明度

每种颜色的固有颜色表相叫做色相，它是一种颜色区别于另一种颜色的最显著的特征。除了以颜色固有的色相来命名颜色外，还经常以该物体所具有的色相命名。在后期处理中，运用“色相/饱和度”命令来调整图像，利用当中的“色相”选项，把灯盏的主色调红色调改成了蓝色调，表现出冷色调的画面效果，如图3-25所示。

图3-25 调整色相的对比效果

饱和度是指颜色的强度或纯度，它表示色相中颜色本身色素分量所占的比例，可以从0%～100%的百分比来衡量。

不同饱和度的颜色会给人带来不同的视觉感受，如图3-26所示，左边的照片画面中天空和沙漠的色彩饱和度低，导致画面呈现出灰暗、无力、沉重的效果；右边的照片画面经过后期的调整，提高天空和沙漠的饱和度，展现出画面积极向上、生机勃勃的效果。

图3-26 调整饱和度的对比效果

明度是指颜色的明暗程度，可以从0%～100%的百分比来度量。通常在正常的太阳光照射下的颜色，被称为标准的色相，明度要是比标准的色相要高，就称为该色相的高光；反之，称为该色相的阴影。

不同明度的颜色给人的视觉感受也各不相同，如图3-27所示，左边的照片画面明度低，给人一种压抑、沉重的感觉；右边的照片画面明度高，给人一种舒适、纯净的感觉。

图3-27 调整明度的对比效果

3.2.2 调整色相展现不同的画面效果

在本实例中秋天的树叶是金黄色的，但是有的摄影师想要打破这种常规的认知。在后期处理中，利用“色相/饱和度”“色彩平衡”命令来调整画面的色彩的色相和饱和度，改变画面色相展现不同的画面效果。本实例处理前后的效果如图3-28所示。

图3-28 调整色相展现不同的画面效果

步骤01 单击“文件”|“打开”命令，打开一幅素材图像，如图3-29所示。

步骤02 打开“调整”面板，单击“色相/饱和度”按钮，新建“色相/饱和度 1”调整图层，设置“黄色”通道的选项“色相”为-14，“饱和度”为29，如图3-30所示。

图3-29 打开素材图像

图3-30 调整色相/饱和度

步骤 03 打开“调整”面板，单击“色彩平衡”按钮，新建“色彩平衡 1”调整图层，在打开的“属性”面板中设置选项“中间调”为−82、30、68，如图3-31所示。

步骤 04 打开“调整”面板，单击“曲线”按钮，新建“曲线 1”调整图层，在打开的“属性”面板中设置RGB通道的“输入”为142，“输出”为120，最终效果如图3-32所示。

图3-31 调整色彩平衡

图3-32 最终效果

3.2.3 打造明快积极的高饱和度画面

在本实例素材中，沙漠呈现出低饱和度效果，给人一种沉重的感觉。在后期处理中，利用“色相/饱和度”“色彩平衡”等命令来调整画面的色彩饱和度，打造出明快积极的高饱和度画面效果。本实例处理前后的效果如图3-33所示。

图3-33 打造明快积极的高饱和度画面

步骤 01 单击“文件”|“打开”命令，打开一幅素材图像，如图3-34所示。

步骤 02 打开“调整”面板，单击“自然饱和度”按钮▽，新建“自然饱和度 1”调整图层，在打开的“属性”面板中设置选项“自然饱和度”为69，“饱和度”为18，如图3-35所示。

步骤 03 打开“调整”面板，单击“色相/饱和度”按钮，新建“色相/饱和度 1”调整图层，在打开的“属性”面板中设置“色相”为5，“饱和度”为27，如图3-36所示。

步骤 04 打开“调整”面板，单击“色彩平衡”按钮 ，新建“色彩平衡 1”调整图层，在打开的“属性”面板中设置“中间调”选项为 −26、−29、23，最终效果如图3-37所示。

图3-34　打开素材图像

图3-35　调整自然饱和度

图3-36　调整色相/饱和度

图3-37　最终效果

3.2.4　打造沧桑厚重的低饱和度画面

为了打造出沧桑厚重的低饱和度画面效果，在后期处理中，先利用“色相/饱和度”命令来降低画面的饱和度，再利用“曲线”命令来调整画面的明暗对比，展现低饱和度的画面，增加画面怀旧感。本实例处理前后的效果如图3-38所示。

图3-38　打造沧桑厚重的低饱和度画面

步骤 01 单击“文件”|“打开”命令，打开一幅素材图像，如图3-39所示。

步骤 02 打开“调整”面板，单击“色相/饱和度”按钮，新建“色相/饱和度 1”调整图层，在打开的“属性”面板中设置“饱和度”为-61，“明度”为-13，如图3-40所示。

图3-39 打开素材图像

图3-40 调整色相/饱和度

步骤 03 打开“调整”面板，单击“曲线”按钮，新建“曲线 1”调整图层，在打开的“属性”面板中设置RGB通道的第一个控制点“输入”为71，“输出”为61，第二个控制点“输入”为156，“输出”为192，如图3-41所示。

步骤 04 使用椭圆选框工具绘制“羽化”为500像素的椭圆选区，再进行反选，为选区新建颜色“图层1”图层，设置填充色为黑色，并取消选区，最终效果如图3-42所示。

图3-41 调整曲线

图3-42 最终效果

3.2.5 增强画面主体对象的色彩明度

在本实例素材中，莲藕与背景的对比效果不明显，整体没有画面没有亮度。在后期处理这种照片中，利用“色阶”“曲线”等命令来画面的明暗层次，提高画面的亮度，增强画面主体对象的色彩明度。本实例处理前后的效果如图3-43所示。

步骤 01 单击“文件”|“打开”命令，打开一幅素材图像，如图3-44所示。

图3-43　增强画面主体对象的色彩明度

步骤 02　选择工具箱中的多边形套索工具，在其选项栏中设置“羽化”为15像素，把画面中的莲藕作为选区选取出来，效果如图3-45所示。

图3-44　打开素材图像

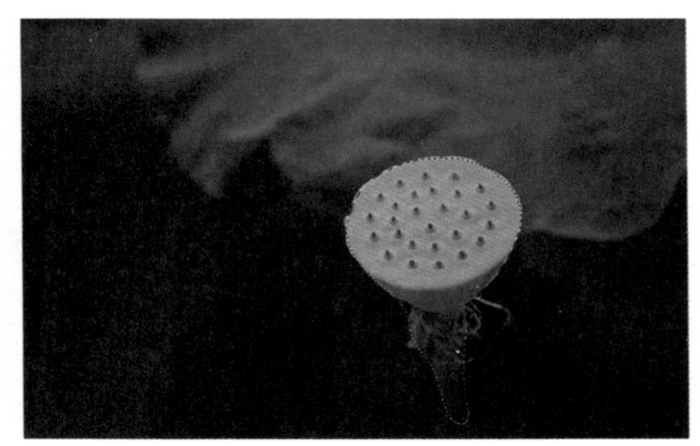
图3-45　调整选区

步骤 03　打开“调整”面板，单击“色阶”按钮，新建“色阶 1”调整图层，在打开的“属性”面板中设置RGB参数为8、1.67、197，如图3-46所示。

步骤 04　打开“调整”面板，单击“曲线”按钮，新建“曲线 1”调整图层，在打开的“属性”面板中设置RGB通道的第一个控制点“输入”为54，“输出”为81，第二个控制点“输入”为111，“输出”为167，最终效果如图3-47所示。

专家指点

在Photoshop CC 2017中，除了打开“调整”面板，单击“色阶”按钮，可以新建“色阶”外，还可以按【Ctrl＋L】组合键，新建“色阶”调整图层。

“色阶”是Photoshop中最为重要的调整工具，它具有调整图像的阴影、中间调和高光的级别，并且可以校正色彩的范围和色彩平衡，也就是说，“色阶”不仅可以调整色调，还可以调整图像的色彩。

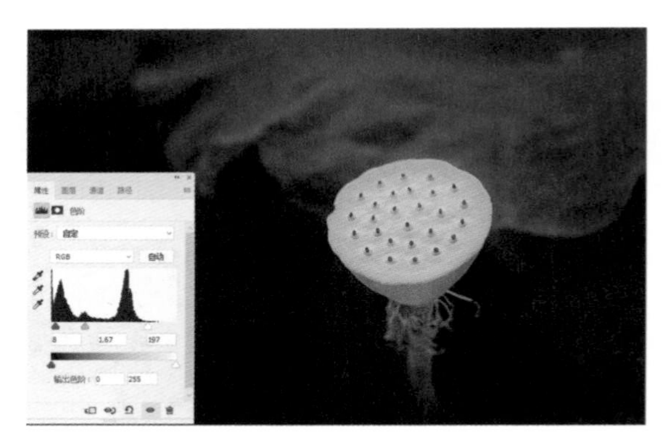

图3-46 调整色阶

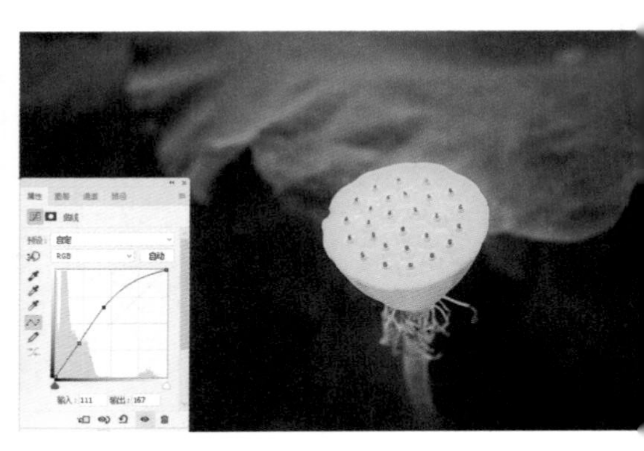

图3-47 最终效果

3.3 控制画面的色温、色调与白平衡

色温和色调与白平衡是不可分割的。当摄影师在拍摄风景照片时，设置的白平衡数值偏低时，呈现出来的色温是冷色温，色调是冷色调；反之，就是呈现出暖色温和暖色调的画面效果。

3.3.1 精确控制画面的色温与色调

色温，就是人们的眼睛所感觉到的最直观的色彩感受。例如，在冬季下雪时，白色的雪花铺满整个金黄色的大地，为大地披上了一件银色的大衣。冬季时段温度较低，拍摄出来的照片色温偏低，相应的色调呈现出冷色调效果；在夏季太阳下山的时段，拍摄出来的照片是偏暖的色温，相应的色调呈现出暖色调效果，如图3-48所示。

图3-48 冷色调与暖色调色温的对比效果

色调，就是一张照片图像中某一种颜色所占的比例，可以反映画面的整体色彩倾向。如果照片中的黄色占的比例比其他颜色都要多，那就说明该照片更偏向于黄色调；如果照片绿色占的比例比其他颜色都要多，那就说明该照片更偏向于绿色调。在后期处理中，可以利用“色相/饱和度”“色彩平衡”“可选颜色”等命令来调整画面的整体色调倾向，打造出不同的色调效果，如图3-49所示。

图3-49　橘黄色与绿色色调的对比效果

3.3.2　控制画面色温展现出温暖感

想要打造出温暖感的画面效果，在后期处理中，利用“Camera Raw滤镜”中的“基本”选项卡中的白平衡功能，调整画面为黄色的暖色调，本实例处理前后的效果如图3-50所示。

图3-50　控制画面色温展现出温暖感

步骤 01　单击“文件”|“打开”命令，打开一幅素材图像，如图3-51所示。

步骤 02　单击“滤镜”|“Camera Raw滤镜”命令，会弹出Camera Raw对话框，如图3-52所示。

图3-51　打开素材图像

图3-52　弹出对话框

步骤 03 在弹出的Camera Raw对话框中，单击“基本”按钮，切换到“基本”选项卡，调整图像的“色温”和“色调”选项，设置“色温”为50，“色调”为5，如图3-53所示。

步骤 04 继续在“基本”选项卡设置选项“曝光度”为0.15，“对比度”为21，“高光”为-87，“白色”为-77，“清晰度”为10，“自然饱和度”为50，单击“确定”按钮，最终效果如图3-54所示。

图3-53 调整色温/色调

图3-54 最终效果

3.3.3 打造蓝色天空的冷色调影像

在后期处理中，利用“Camera Raw滤镜”中的“基本”选项卡中的功能，对图像进行相应的调整，打造出蓝色天空的冷色调影像。本实例处理前后的效果如图3-55所示。

图3-55 打造蓝色天空的冷色调影像

步骤 01 单击“文件”|“打开”命令，打开一幅素材图像，如图3-56所示。

步骤 02 单击“滤镜”|“Camera Raw滤镜”命令，在弹出的Camera Raw对话框中，单击“基本”按钮，切换到“基本”选项卡，设置选项“色温”为-24，“色调”为-24，“曝光度”为0.15，“对比度”为26，“高光”为24，“阴影”为11，“白色”为15，“黑色”为-21，以增强画面的层次感，如图3-57所示。

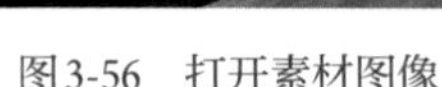

图3-56　打开素材图像

图3-57　调整Camera Raw滤镜（1）

步骤 03　继续在“基本”选项卡设置选项“清晰度”为50，“自然饱和度”为28，“饱和度”为25，使画面更加清晰，如图3-58所示。

步骤 04　最后单击“细节”按钮 ，切换到“细节”选项卡，设置“减少杂色”选项组“明亮度”为50，“明亮度细节”为55，“明亮度对比”为23，“颜色”为10，“颜色细节”为50，“颜色平滑度”为50，单击“确定”按钮，最终效果如图3-59所示。

图3-58　调整Camera Raw滤镜（2）

图3-59　最终效果

3.3.4　调整白平衡恢复真实画面色彩

在后期处理中，利用Camera Raw滤镜中白平衡工具，可以自动调整图像的色温和色调，恢复真实的画面色彩。本实例处理前后的效果如图3-60所示。

步骤 01　单击“文件”|“打开”命令，打开一幅素材图像，如图3-61所示。

步骤 02　单击“滤镜”|“Camera Raw滤镜”命令，在弹出的Camera Raw对话框中，单击“白平衡工具”按钮 ，在图像窗口的人物额头位置进行单击，会自动对画面进行调整，调整的选项“色温”为−54，“色调”为−39，如图3-62所示。

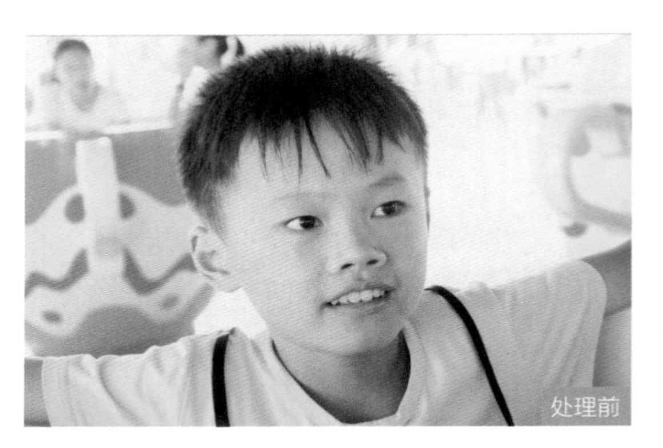

图3-60　调整白平衡恢复真实画面色彩

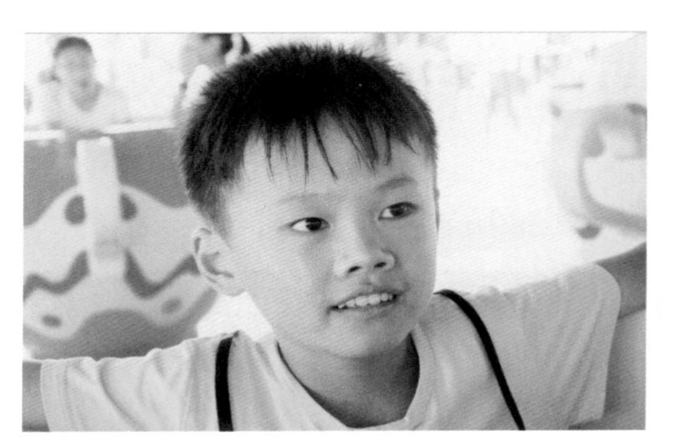

图3-61　打开素材图像

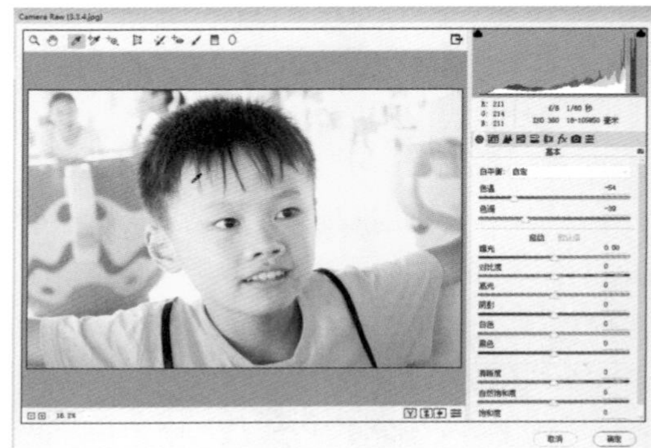

图3-62　调整Camera Raw滤镜（1）

步骤 03　在“基本”选项卡中设置选项“对比度”为-28，“高光”为13，“阴影”为-35，“白色”为33，“清晰度”为21，“自然饱和度”为18，如图3-63所示。

步骤 04　单击“色调曲线”按钮，切换到“色调曲线”选项卡，设置“高光”为20，“暗调”为34，“阴影”为8，单击“确定”按钮，最终效果如图3-64所示。

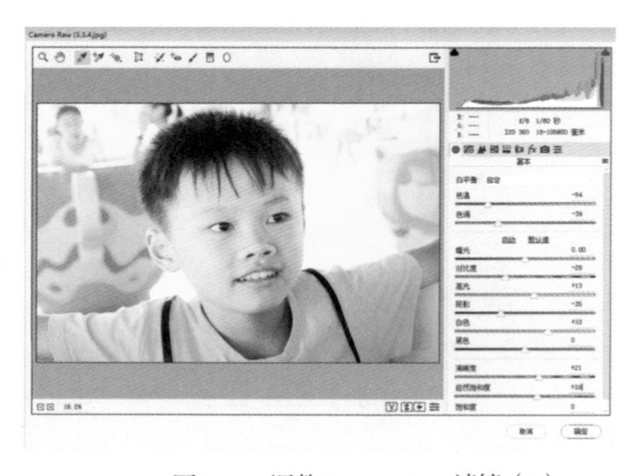

图3-63　调整Camera Raw滤镜（2）

图3-64　最终效果

3.4 利用色彩组合展现不同的画面效果

不同的颜色基调可以展现出不同的画面效果，例如想要展现出激烈和热血的画面效果，其中占主基调的一定是红色；想要展现出浪漫和美好的画面效果，其中占主基调的一定是粉红色和紫色。在后期处理中，利用“色相/饱和度”命令可以快速调整图像的色彩组合。

3.4.1 解析不同的色彩画面搭配技法

邻近色，是指在颜色色带上相邻近的颜色，在视觉上比较接近。例如浅蓝的天空与湛蓝的海水，两者的色相就是邻近色的表现。对比色，是指具有明显的对比效果的颜色。例如红色的荷花与绿色的荷叶，两者的色相就是对比色的表现，如图3-65所示。

图3-65　邻近色与对比色的对比效果

亮彩，是指亮度很亮颜色很纯的色彩，例如黄色等一些鲜艳的色彩，左边图像中的颜色就比较亮彩，看起来赏心悦目；暗彩，是指亮度不高颜色不纯的色彩，例如墨绿色等一些比较暗沉的颜色，右边图像中的颜色就属于暗彩，展现出古老，沧桑的感觉，如图3-66所示。

图3-66　亮彩与暗彩的对比效果

浓彩，是指色彩的饱和度比较浓郁，例如左边图像中的颜色饱和度高，看起来非常的醒目；淡彩，是指颜色非常淡的色彩，例如右边图像中的色彩饱和度都比较低，看起来非常的淡雅和清新，如图3-67所示。

图3-67　浓彩与淡彩的对比效果

3.4.2　对比色增强画面的颜色表现力

蓝色的天空与黄色的大地可以形成鲜明的对比效果。在后期处理中，利用“自然饱和度”命令增强色彩的饱和度，增强画面的颜色表现力。本实例处理前后的效果如图3-68所示。

图3-68　对比色增强画面的颜色表现力

步骤 01　单击“文件”|“打开”命令，打开一幅素材图像，如图3-69所示。

步骤 02　打开“调整”面板，单击“自然饱和度”按钮，新建“自然饱和度 1”调整图层，在打开的“属性”面板中设置选项“自然饱和度”为71，“饱和度”为31，如图3-70所示。

步骤 03　打开“调整”面板，单击“色彩平衡”按钮，新建“色彩平衡 1”调整图层，在打开的“属性”面板中设置选项“中间调”为23、32、38，将该调整图层蒙版填充为黑色，设置前景色为白色，使用画笔工具对天空进行涂抹，如图3-71所示。

步骤 04　打开“调整”面板，单击“色阶”按钮，新建“色阶 1”调整图层，在打开的“属性”面板中设置RGB参数为40、0.91、228，最终效果如图3-72所示。

图3-69　打开素材图像

图3-70　调整自然饱和度

图3-71　调整色彩平衡

图3-72　最终效果

3.4.3　将彩色与黑白进行适当的搭配

色彩的搭配，需要人为的不断的去尝试，不断的去创新，才能创造出非常完美的色彩搭配，比如将彩色与黑白进行搭配，可以让画面达到一种意想不到的效果，那就是神秘的色彩。本实例处理前后的效果如图3-73所示。

图3-73　将彩色与黑白进行适当的搭配

步骤 01 单击“文件”|“打开”命令，打开一幅素材图像，如图3-74所示。

步骤 02 使用快速选择工具将手表选中，之后进行反选，将其作为选区，打开“调整”面板，单击“黑白”按钮 ，新建“黑白 1”调整图层，在打开的“属性”面板中设置“红色”为33，“黄色”为94，“绿色”为113，“青色”为46，“蓝色”为73，“洋红”为103，如图3-75所示。

专家指点

“黑白”命令是用于制作黑白图像的工具，而且它不仅可以将彩色转换为黑白效果，也可以给灰度着色，使图像呈现为单色效果。

图3-74 打开素材图像

图3-75 调整黑白

步骤 03 按住【Ctrl】键的同时单击“黑白”调整图层的蒙版缩览图，再次将其作为选区，新建“曲线 1”调整图层，在打开的“属性”面板中设置RGB参数“输入”为155，“输出”为112，如图3-76所示。

步骤 04 打开“调整”面板，单击“色相/饱和度”按钮 ，新建“色相/饱和度 1”调整图层，在打开的“属性”面板中设置“饱和度”为30，最终效果如图3-77所示。

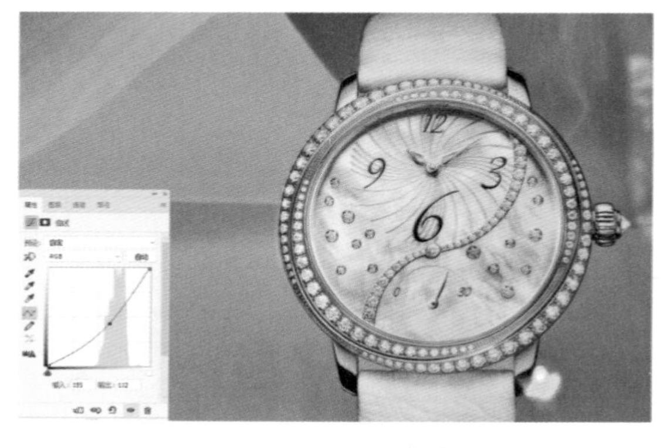

图3-76 调整曲线

图3-77 最终效果

3.4.4 搭配浓彩与淡彩更好地突出主体

本实例中的素材，整体饱和度不高，对比不够强烈。在后期处理中，利用“色相/饱和度”“色阶”命令来调整花朵主体的色彩浓度和对比度。本实例处理前后的效果如图3-78所示。

图3-78 搭配浓彩与淡彩更好地突出主体

步骤01 单击“文件”|“打开”命令，打开一幅素材图像，如图3-79所示。

步骤02 使用椭圆选框工具，在其属性栏中设置“羽化”为30，并在花朵周围创建椭圆选区，新建“自然饱和度 1”调整图层，在打开的“属性”面板中设置选项“自然饱和度”为100，“饱和度”为49，如图3-80所示。

图3-79 打开素材图像

图3-80 调整自然饱和度

步骤03 新建“色相/饱和度 1”调整图层，在打开的“属性”面板中设置“饱和度”为−17，然后设置前景色为黑色，使用画笔工具把花朵部分进行涂抹，隐藏对其的应用，如图3-81所示。

步骤04 打开“调整”面板，单击“色阶”按钮，新建“色阶 1”调整图层，在打开的“属性”面板中设置RGB参数为0、1.28、234，最终效果如图3-82所示。

图3-81　调整色相/饱和度

图3-82　最终效果

3.4.5　使用邻近色彩表现协调的画面

蓝色的天空和绿色的树林是比较邻近的色相表现，展现出非常协调的美景。在后期处理中，利用“自然饱和度”“曲线”等命令调整图像色调，表现出和谐统一的画面色调效果。本实例处理前后的效果如图3-83所示。

图3-83　使用邻近色彩表现协调的画面

步骤 01　单击“文件”|“打开”命令，打开一幅素材图像，如图3-84所示。

步骤 02　新建“自然饱和度 1”调整图层，在打开的“属性”面板中设置选项“自然饱和度”为51，“饱和度”为51，如图3-85所示。

图3-84　打开素材图像

图3-85　调整自然饱和度

步骤 03 新建“曲线 1”调整图层，设置选项RGB通道的“输入”为164，“输出”为213，如图3-86所示。

步骤 04 新建“色阶 1”调整图层，设置RGB参数为23、0.67、229，最终效果如图3-87所示。

图3-86 调整色彩平衡

图3-87 最终效果

04

第4章　照片细节的精修处理

学习提示

照片细节的精修处理主要运用到“加深工具”“减淡工具”“污点修复工具”“仿制图章工具”“滤镜”里的“高斯模糊”“减少杂色”等命令来修复照片画面的瑕疵之处，并结合“色彩平衡”“色相/饱和度”“自然饱和度”等命令来整体修复照片，让照片展现更完美的视觉效果。

4.1 处理与修饰照片的局部

在Photoshop软件中有许多处理和修饰照片局部的工具，如加深工具、减淡工具、模糊工具、海绵工具、污点修复工具、仿制图章工具和锐化工具等，都可以处理画面的细节。

4.1.1 对画面暗部进行加强

在比较干燥的地区，太阳的光线很强烈。在后期处理中，通过加深工具来调整局部的暗部区域，加强明暗的对比和层次感。本实例处理前后的效果如图4-1所示。

图4-1　对画面暗部进行加强

步骤 01　单击“文件”|“打开”命令，打开一幅素材图像，如图4-2所示。

步骤 02　按【Ctrl + J】组合键，复制图层，得到“图层1”图层，选择工具箱中的加深工具，在其选项栏中设置“范围”为“中间调”，“曝光度”为20%，再使用鼠标在图像暗部区域进行反复涂抹，如图4-3所示。

图4-2　打开素材图像

图4-3　加深暗部区域

步骤 03　新建“亮度/对比度 1”调整图层，在打开的“属性”面板中设置“对比度”为41，如图4-4所示。

步骤 04　新建“自然饱和度 1”调整图层，在打开的“属性”面板中设置“自然饱和度”为60，“饱和度”为30，如图4-5所示。

图4-4　调整亮度/对比度

图4-5　调整自然饱和度

步骤 05　新建“色阶 1”调整图层，在打开的“属性”面板中设置RGB参数为19、0.84、196，如图4-6所示。

步骤 06　按【Ctrl + Shift + Alt + E】组合键，盖印可见图层，得到“图层2”图层，单击“滤镜”|“杂色”|“减少杂色”命令，在弹出的“减少杂色”对话框中，数值参数设置为7、40%、72%、40%，单击“确定”按钮，最终效果如图4-7所示。

图4-6　调整色阶

图4-7　最终效果

专家指点

在Photoshop CC 2017中，杂色滤镜组中包含5种滤镜，可以添加或者去除杂色或带有随机分布色阶的像素，也可以用于去除有问题的区域。

4.1.2　对高光部分进行减淡

在后期处理中，通过减淡工具来调整画面的亮度区域，对亮部部分进行减淡，让画面的高光层次感更强。本实例处理前后的效果如图4-8所示。

图4-8　对高光部分进行减淡

步骤 01　单击“文件”|“打开”命令，打开一幅素材图像，如图4-9所示。

步骤 02　按【Ctrl + J】组合键，复制图层，得到“图层1”图层，选择工具箱中的减淡工具，在其选项栏中设置“范围”为“中间调”，“曝光度”为10%，再使用鼠标在图像亮部区域进行反复涂抹，如图4-10所示。

图4-9　打开素材图像

图4-10　减淡图像亮部区域

步骤 03　新建“自然饱和度 1”调整图层，在打开的“属性”面板中设置“自然饱和度”为50，“饱和度”为19，如图4-11所示。

步骤 04　新建“颜色填充 1”调整图层，在打开的“拾色器（纯色）”对话框中设置填充色RGB参数为4、38、70，然后在“图层”面板中设置该调整图层的“混合模式”为“柔光”，最终效果如图4-12所示。

图4-11　调整自然饱和度

图4-12　最终效果

4.1.3 打造出模糊景深效果

在拍摄一些商品的照片时，受到其他物件的影响，达不到突出主体物的效果。在后期处理中，可以利用模糊工具模糊其他物件，打造出模糊景深的效果，更好地突出画面主体对象。本实例处理前后的效果如图4-13所示。

图4-13 打造出模糊景深效果

步骤 01 单击“文件”|“打开”命令，打开一幅素材图像，如图4-14所示。

步骤 02 按【Ctrl + J】组合键，复制图层，得到“图层1”图层，如图4-15所示。

图4-14 打开素材图像

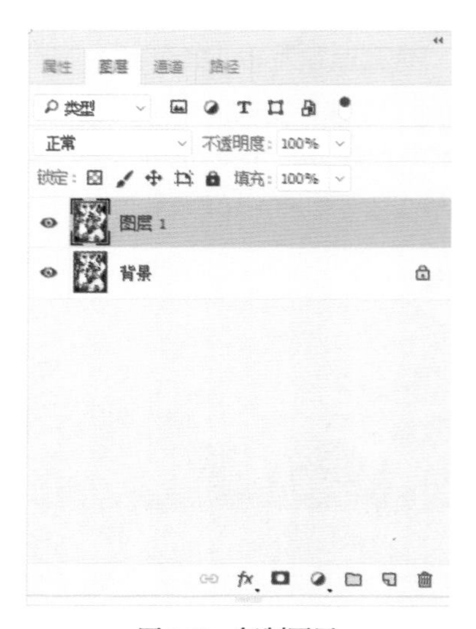

图4-15 复制图层

步骤 03 选择工具箱中的模糊工具，在其选项栏中设置“模式”为“正常”，“强度”为100%，在背景部分进行反复涂抹，效果如图4-16所示。

步骤 04 新建“色阶 1”调整图层，在打开的“属性”面板中设置RGB参数为22、0.79、212，最终效果如图4-17所示。

图4-16　模糊背景

图4-17　最终效果

4.1.4 增强画面局部饱和度

在后期处理中，可以使用海绵工具对主体物进行局部色彩的调整，增强画面局部饱和度，打造出美丽动人的花朵。本实例处理前后的效果如图4-18所示。

图4-18　增强画面局部饱和度

步骤 01 单击“文件”|“打开”命令，打开一幅素材图像，如图4-19所示。

步骤 02 按【Ctrl + J】组合键，复制图层，得到“图层1”图层，选择工具箱中的海绵工具，在其选项栏中设置“模式”为“加色”，“流量”为36%，在花朵位置进行反复涂抹，如图4-20所示。

图4-19 打开素材图像

图4-20 加深花朵色彩

步骤 03 新建“亮度/对比度 1”调整图层，在打开的“属性”面板中设置选项“亮度”为15，“对比度”为31，如图4-21所示。

步骤 04 新建“色阶 1”调整图层，在打开的“属性”面板中设置RGB参数为0、1.11、255，最终效果如图4-22所示。

图4-21 调整亮度/对比度

图4-22 最终效果

4.2 修复照片中的瑕疵

摄影师在拍摄照片时，都会存在瑕疵，因此都必需要经过后期处理，对其有瑕疵的地方进行局部的调整和修复，让照片达到完美的画面效果。

4.2.1 修复人物脸部瑕疵

洁白的皮肤是所有女生梦寐以求的。在后期处理中，使用仿制图章工具对人物皮肤瑕疵进行修复，在利用“色阶”命令来调整画面的影调，达到完美的皮肤状态。本实例处理前后的效果如图4-23所示。

图4-23 修复人物脸部瑕疵

步骤01 单击“文件”|“打开”命令，打开一幅素材图像，如图4-24所示。

步骤02 按【Ctrl + J】组合键，复制图层，得到“图层1”图层，选中“图层1”图层，并选择工具箱中的仿制图章工具，在其选项栏中设置“不透明度”为58%，“流量”为63%，按住【Alt】键的同时移动鼠标在完好的皮肤位置进行取样，然后在瑕疵位置进行多次单击，以对皮肤进行修复，如图4-25所示。

图4-24 打开素材图像

图4-25 修复皮肤瑕疵

步骤03 新建“色阶1”调整图层，在打开的“属性”面板中设置RGB参数为9、1.25、245，如图4-26所示。

步骤04 新建“自然饱和度1”调整图层，设置“自然饱和度”为31，最终效果如图4-27所示。

图4-26　调整色阶

图4-27　最终效果

4.2.2　快速地将镜头污点去除

本实例素材画面中有出现黑色的污点，看起来画面的质量不够完美。在后期处理中，使用仿制图章工具对照片中有黑点的地方进行修复，使画面中的图像效果更加完美。本实例处理前后的效果如图4-28所示。

图4-28　快速地将镜头污点去除

步骤 01　单击“文件”|“打开”命令，打开一幅素材图像，如图4-29所示。

步骤 02　按【Ctrl + J】组合键，复制图层，得到“图层1”图层，选取污点修复画笔工具，在其选项栏中设置污点修复画笔工具大小为20像素，并在图像污点处多次涂抹，效果如图4-30所示。

图4-29　打开素材图像

图4-30　去除图像污点

步骤 03 新建“色阶 1”调整图层，在打开的“属性”面板中设置选项RGB参数为55、0.69、226，如图4-31所示。

步骤 04 新建“自然饱和度 1”调整图层，在打开的“属性”面板中设置“自然饱和度”为81，最终效果如图4-32所示。

图4-31 调整色阶

图4-32 最终效果

4.2.3 将画面中的多余杂物去除

本实例中的人物拖行痕迹，破坏了整体画面的美感，展现不出一望无际的沙漠景象。在后期处理中，利用修补工具、仿制图章工具、套索工具等工具去除画面多余的人物和痕迹，打造出一望无际的沙漠景象。本实例处理前后的效果如图4-33所示。

图4-33 将画面中的多余杂物去除

步骤 01 单击“文件”|“打开”命令，打开一幅素材图像，如图4-34所示。

步骤 02 按【Ctrl + J】组合键，复制图层，得到“图层1”图层，选取修补工具，在最下边的指示栏绘制选区，单击“编辑”|“填充”命令，在弹出的“填充”对话框中勾选“颜色适应”复选框，单击“确定”按钮，对指示栏进行智能填充，继续勾选旁边人物的选区，使用“填充”命令去除人物图像，效果如图4-35所示。

步骤 03 选取仿制图章工具，按住【Alt】键移动鼠标指针在沙漠中取样，对人物路过的痕迹进行修复，效果如图4-36所示。

步骤 04 新建“色阶 1”调整图层，在打开的“属性”面板中设置选项RGB参数为36、0.92、255，如图4-37所示。

图4-34　打开素材图像

图4-35　执行填充命令

图4-36　修复痕迹

图4-37　调整色阶

步骤 05　新建“自然饱和度 1”调整图层，在打开的“属性”面板中设置“自然饱和度”为66，“饱和度”为3，如图4-38所示。

步骤 06　新建“亮度/对比度 1”调整图层，在打开的“属性”面板中设置“对比度”为34，最终效果如图4-39所示。

图4-38　调整自然饱和度

图4-39　最终效果

专家指点

利用“亮度/对比度”命令可以对图像的色调进行调整。但是它没有“曲线”和“色阶”命令的可控制性能强，可能会导致图像细节的丢失，对于高端的输出，建议使用“色阶”和“曲线”来调整。

4.2.4 对主体对象的位置进行调整

完美的构图效果可以把照片想传达的意境表现的淋漓尽致。在后期处理中，可以改变主体对象的位置，让画面构图更完美。本实例处理前后的效果如图4-40所示。

图4-40 对主体对象的位置进行调整

步骤01 单击“文件”|“打开”命令，打开一幅素材图像，如图4-41所示。

步骤02 选取套索工具，在其选项栏中设置“羽化”为35像素，在船的周围绘制选区，效果如图4-42所示。

图4-41 打开素材图像

图4-42 绘制选区

步骤03 按【Ctrl + J】组合键，复制选区中的图像，得到“图层1”图层，移动“图层1”到合适的位置，再为该图层添加白色的图层蒙版，使用画笔工具，设置前景色为黑色，对图层蒙版进行编辑，使船的图像与背景更为融合，如图4-43所示。

步骤04 选中“背景”图层，按【Ctrl + J】组合键，复制“背景”图层，得到“背景 拷贝”图层，使“图层1”图层隐藏，再用仿制图章工具将“背景 拷贝”图层中的船清除，效果如图4-44所示。

步骤05 使“图层1”图层可见，按【Ctrl + Shift + Alt + E】组合键，盖印可见图层，得到“图层2”图层，如图4-45所示。

步骤 06 新建“色阶 1”调整图层，在打开的“属性”面板中设置RGB参数为29、1.00、191，最终效果如图4-46所示。

图4-43 使用画笔工具

图4-44 清除图像中的船只

图4-45 盖印图层

图4-46 最终效果

4.3 锐化照片得到更清晰的画面

在Photoshop软件中有一些处理画面模糊的命令和工具，如滤镜中的“智能锐化”“USM锐化”“高反差保留命令”等都有提升画面清晰度的效果。

4.3.1 对照片局部进行锐化

拍照时如果抖动则会出现模糊的情况，针对这个情况，在后期处理中，可以利用锐化功能，让模糊的景象变得清晰。本实例处理前后的效果如图4-47所示。

步骤 01 单击“文件”|“打开”命令，打开一幅素材图像，如图4-48所示。

步骤 02 新建“色彩平衡 1”调整图层，在打开的“属性”面板中设置“中间调”为-38、18、-21，再设置前景色为黑色，使用画笔工具在蒙版上涂抹蝴蝶部分，使调整后的颜色作用于背景，如图4-49所示。

图4-47　对照片局部进行锐化

图4-48　打开素材图像

图4-49　调整色彩平衡

步骤 03　新建“亮度/对比度 1”调整图层，设置“亮度”为64，“对比度”为28，按【Ctrl + Shift + Alt + E】组合键，盖印可见图层，得到“图层1”图层，选取锐化工具 △，在其选项栏中设置“强度”为68%，在蝴蝶上反复涂抹，如图4-50所示。

步骤 04　选择椭圆选框工具，在其选项栏设置“羽化”为100像素，在蝴蝶部分绘制选区并进行反选，按【Ctrl + J】组合键，复制选区内的图像，得到“图层2”图层，再单击“滤镜”|“模糊”|“高斯模糊”命令，在弹出的“高斯模糊”对话框中，设置“半径”为10像素，单击“确定”按钮，最终效果如图4-51所示。

图4-50　锐化图像

图4-51　最终效果

4.3.2 智能锐化照片的整体

金黄的沙滩，湛蓝的海水是人们心神向往的度假场所。为了打造这样的视觉效果，在后期处理中，利用各种影调调整命令来调整画面的光影魅力，然后使用“智能锐化”命令增加画面清晰度，展现强烈的视觉冲击效果。本实例处理前后的效果如图4-52所示。

图4-52 智能锐化照片的整体

步骤 01 单击“文件”|“打开”命令，打开一幅素材图像，如图4-53所示。

步骤 02 新建“色相/饱和度 1”调整图层，在打开的“属性”面板中设置“饱和度”为54，如图4-54所示。

图4-53 打开素材图像

图4-54 调整色相/饱和度

专家指点

锐化滤镜组中包含5种滤镜，它们可以通过加强相邻像素间的对比度来聚焦模糊的图像，使照片变得更加清晰。“智能锐化”与“USM锐化”较为相似，不同的是“智能锐化”可以设置锐化算法、控制阴影和高光区域的锐化量。

步骤 03 按【Ctrl + Shift + Alt + E】组合键，盖印可见图层，得到“图层1”图层，单击“滤镜”|“锐化”|“智能锐化”命令，在弹出的“智能锐化”对话框中，设置“数量”为80%，“半径”为1.6像素，“减少杂色”为10%，单击“确定”按钮，效果如图4-55所示。

步骤 04 新建“曲线 1”调整图层，设置RGB通道的第一个控制点“输入”为106，“输出”为102，第二个控制点“输入”为179，“输出”为204，最终效果如图4-56所示。

图4-55　执行智能锐化

图4-56　最终效果

4.3.3　高反差保留提升清晰度

本实例画面中的莲藕明暗对比不强烈，与蓝色的天空没有构成强烈的空间感。在后期处理中，先利用“高反差保留”滤镜命令来提升画面中莲藕的清晰度，让画面的主体层次感更强。本实例处理前后的效果如图4-57所示。

图4-57　高反差保留提升清晰度

步骤 01 单击“文件”|“打开”命令，打开一幅素材图像，如图4-58所示。

步骤 02 复制“背景”图层，得到“背景 拷贝”图层，设置“背景 拷贝”图层的“混合模式”为“滤色”，“不透明度”为50%，如图4-59所示。

步骤 03　按【Ctrl + Shift + Alt + E】组合键，盖印可见图层，得到“图层1”图层，单击“滤镜”|“其它”|“高反差保留”命令，在弹出的“高反差保留”对话框中，设置“半径”为4像素，单击“确定”按钮，如图4-60所示。

步骤 04　在“图层”面板中选中“图层1”图层，设置“混合模式”为“叠加”，如图4-61所示。

图4-58　打开素材图像

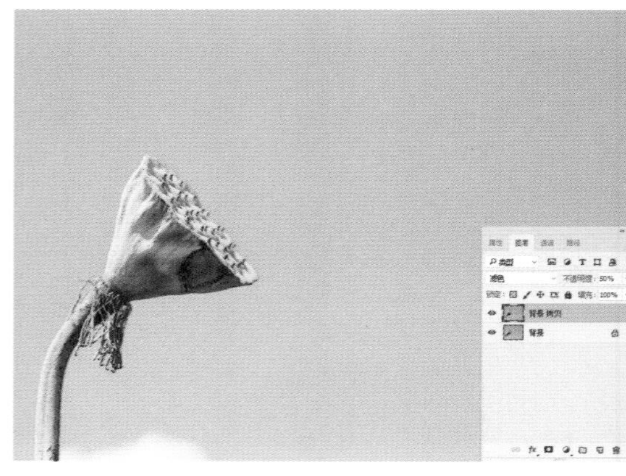

图4-59　调整混合模式（1）

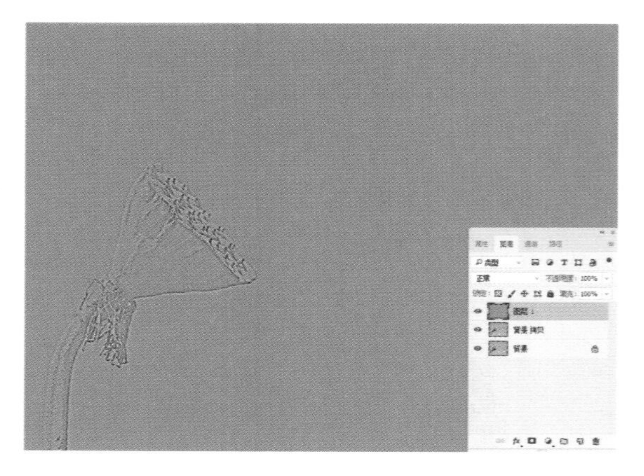

图4-60　执行高反差保留

图4-61　调整混合模式（2）

步骤 05　新建“色相/饱和度 1”调整图层，在打开的“属性”面板中设置“饱和度”为67，如图4-62所示。

步骤 06　按【Ctrl + Shift + Alt + E】组合键，再次盖印可见图层，得到“图层2”图层，新建“色阶 1”调整图层，在打开的“属性”面板中设置RGB参数为19、0.54、239，最终效果如图4-63所示。

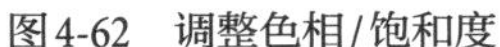

图4-62　调整色相/饱和度

图4-63　最终效果

4.4　减少照片中的杂色

杂色会影响画面的清晰度，在Camera Raw滤镜中有“减少杂色”的功能，能够有效的降低画面中的杂色。

4.4.1　轻松去掉RAW格式照片杂色

本实例素材图像不够清晰，在后期处理中，先利用“Camera Raw滤镜”的“基本”选项卡加强画面中的色彩，最后轻松的去掉画面中杂色。本实例处理前后的效果如图4-64所示。

图4-64　轻松去掉RAW格式照片杂色

步骤 01　单击“文件”|“打开”命令，打开一幅素材图像，如图4-65所示。

步骤 02　在打开的Camera Raw对话框中，单击“基本”按钮，切换到“基本”选项卡，设置“曝光度”为-0.35，“对比度”为19，“高光”为8，“阴影”为-16，“白色”为18，“黑色”为-35，如图4-66所示。

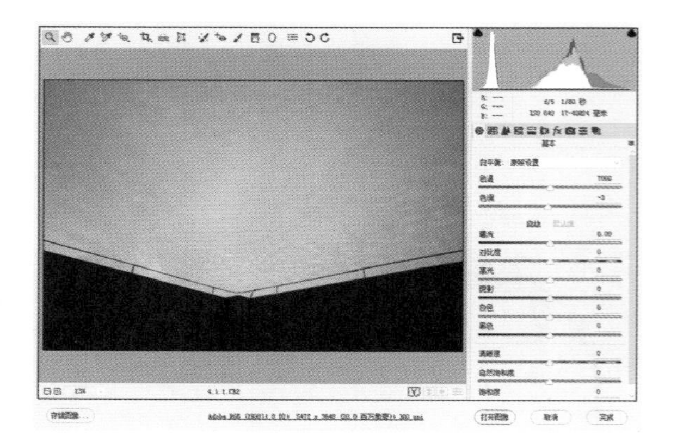

图4-65　打开素材图像

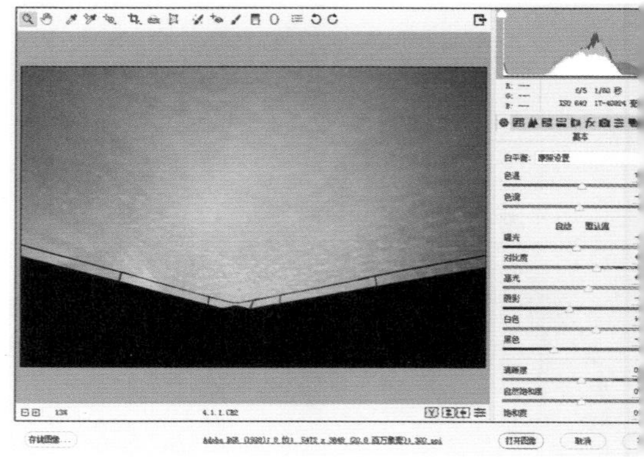

图4-66　调整Camera Raw（1）

步骤 03　继续在“基本”选项中设置“自然饱和度”为57，“饱和度”为27，如图4-67所示。

步骤 04　单击“细节”按钮，切换至“细节”选项卡，在“减少杂色”选项组中，设置“明亮度”为25，“明亮度细节”为62，“明亮度对比”为56，“颜色”为25，“颜色细节”为50，“颜色平滑度”为50，最终效果如图4-68所示。

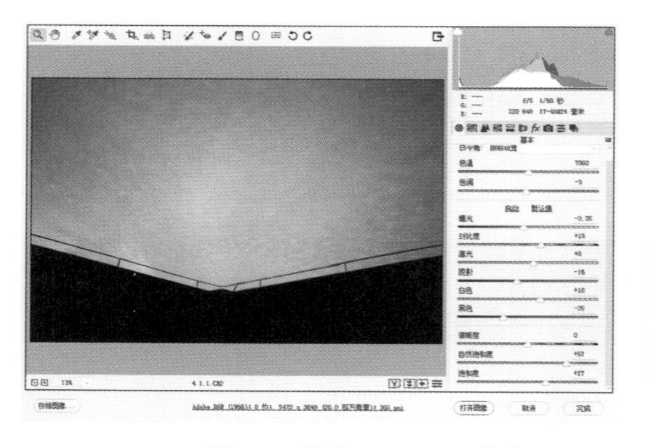

图4-67　调整Camera Raw（2）

图4-68　最终效果

4.4.2　减少蒙尘与划痕去除污点

在后期处理中，先利用“曲线”“色相/饱和度”命令来调整图像的色调，再利用“蒙尘与划痕”等命令来减少照片中的杂色。本实例处理前后的效果如图4-69所示。

步骤 01　单击“文件”|“打开”命令，打开一幅素材图像，如图4-70所示。

步骤 02　新建“曲线 1”调整图层，设置RGB通道的“输入”为115，“输出”为160，如图4-71所示。

步骤 03　新建“色相/饱和度 1”调整图层，设置“饱和度”为57，如图4-72所示。

图4-69　减少蒙尘与划痕去除污点

图4-70　打开素材图像

图4-71　调整曲线

步骤 04　按【Ctrl + Shift + Alt + E】组合键，盖印可见图层，得到“图层1”图层，单击“滤镜”|“杂色”|“蒙尘与划痕”命令，在弹出的“蒙尘与划痕”对话框中，设置“半径”为2像素，“阈值”为2色阶，单击“确定”按钮，最终效果如图4-73所示。

图4-72　调整色相/饱和度

图4-73　最终效果

4.4.3 去掉照片中的明显噪点

想要减少海水的噪点，在后期处理中，先利用“色彩平衡”“色相/饱和度”命令来调整图像颜色，再利用“减少杂色”命令去掉照片中明显的噪点。本实例处理前后的效果如图4-74所示。

图4-74 去掉照片中的明显噪点

步骤 01 单击“文件”|“打开”命令，打开一幅素材图像，如图4-75所示。

步骤 02 新建“色彩平衡 1”调整图层，在打开的“属性”面板中设置“中间调”的参数为−43、−8、52，如图4-76所示。

图4-75 打开素材图像

图4-76 调整色彩平衡

步骤 03 新建“色相/饱和度 1”调整图层，设置“饱和度”为46，如图4-77所示。

步骤 04 按【Ctrl + Shift + Alt + E】组合键，盖印可见图层，得到“图层1”图层，如图4-78所示。

步骤 05 选择工具箱中的快速选择工具，选中蓝色的天空和海水创建选区，效果如图4-79所示。

步骤 06 按【Ctrl + J】组合键复制选区图层，得到“图层2”图层，选中“图层2”图层，如图4-80所示。

图4-77　调整色相/饱和度

图4-78　盖印图层（1）

图4-79　创建选区

图4-80　复制选区

步骤 07　单击“滤镜”|“杂色”|“减少杂色”命令，如图4-81所示。

步骤 08　在弹出的“减少杂色”对话框中，设置“强度”为10，“保留细节”为16%，“减少杂色”为35%，“锐化细节”为12%，单击“确定”按钮，效果如图4-82所示。

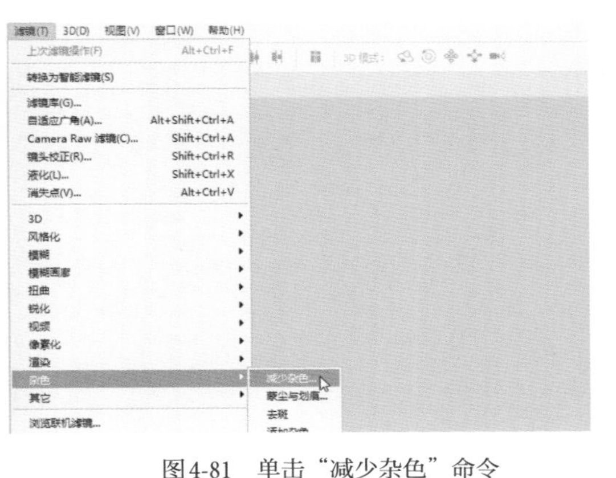

图4-81　单击“减少杂色”命令

图4-82　执行减少杂色

步骤 09　按【Ctrl + Shift + Alt + E】组合键，盖印可见图层，得到“图层3”图层，如图4-83所示。

步骤 10 新建“色阶 1”调整图层，在打开的“属性”面板中设置RGB参数为19、1.22、230，最终效果如图4-84所示。

图4-83 盖印图层（2）

图4-84 最终效果

05

第5章 风光照片的后期处理

学习提示

风光照片展现出大自然的无穷魅力，大自然的美景是大气、壮观的。本章主要介绍使用Photoshop处理各种风格照片的后期技巧，包括增强树叶金秋色调、调整雪山的风光照片、表现沙漠壮丽的效果和表现清秀乡村美景等。

5.1 增强树叶金秋色调

秋高气爽的秋天是人们向往的季节，在秋天的面前，人们走在金黄色的树林中，会泛起一种怀旧的情怀，忍不住的用相机去记录美景。在后期处理中，先利用“USM锐化”命令锐化图像，再利用“色相/饱和度”命令增强画面树叶金秋色调。本实例处理前后的效果如图5-1所示。

图5-1　增强树叶金秋色调

步骤 01　单击“文件”|“打开”命令，打开一幅素材图像，如图5-2所示。

步骤 02　复制“背景”图层，得到“背景 拷贝”图层，如图5-3所示。

图5-2　打开素材图像

图5-3　复制图层

步骤 03　单击“滤镜”|“锐化”|“USM锐化”命令，在弹出的“USM锐化”对话框中，设置“数量”为89%，“半径”为4.1像素，单击“确定”按钮，效果如图5-4所示。

步骤 04　新建“色相/饱和度 1”调整图层，设置“色相”为5，“饱和度”为41，如图5-5所示。

步骤 05　按【Ctrl + Alt + 3】组合键，载入选区，新建“亮度/对比度 1”调整图层，设置“亮度”为26，“对比度”为34，如图5-6所示。

步骤 06　按【Ctrl + Shift + Alt + E】组合键，盖印可见图层，得到“图层1”图层，如图5-7所示。

步骤 07　按【Ctrl + Alt + 3】组合键，载入选区，效果如图5-8所示。

图5-4　执行USM锐化

图5-5　调整色相/饱和度

图5-6　调整亮度/对比度

图5-7　盖印图层（1）

步骤08　新建“色阶 1”调整图层，在打开的“属性”面板中设置RGB参数为20、1.00、239，如图5-9所示。

图5-8　载入选区

图5-9　调整色阶

步骤09　新建“选取颜色 1”调整图层，在“可选颜色”属性面板中设置“红色”通道的“青色”为-47%，“洋红”为28%，“黄色”为30%，“黑色”为27%，如图5-10所示。

步骤10　按【Ctrl + Shift + Alt + E】组合键，盖印可见图层，得到“图层2”图层，如图5-11所示。

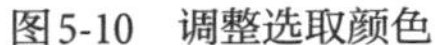

图5-10　调整选取颜色

图5-11　盖印图层（2）

步骤 11　单击“图像”|“应用图像”命令，在弹出的“应用图像”对话框中，设置“混合”为“叠加”，单击“确定”按钮，效果如图5-12所示。

步骤 12　按【Ctrl + Shift + Alt + E】组合键，盖印可见图层，得到“图层3”图层，如图5-13所示。

图5-12　执行应用图像

图5-13　盖印图层（3）

步骤 13　单击“滤镜”|“杂色”|“减少杂色”命令，如图5-14所示。

步骤 14　在弹出的“减少杂色”对话框中，设置“强度”为5，“保留细节”为15%，“减少杂色”为42%，“锐化细节”为12%，单击“确定”按钮，最终效果如图5-15所示。

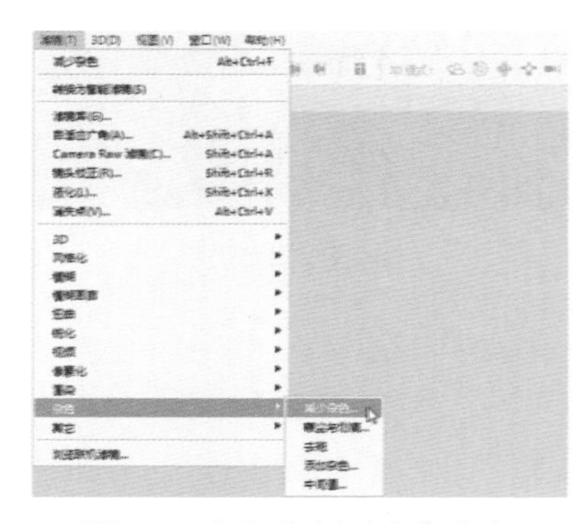

图5-14　单击“减少杂色”命令

图5-15　最终效果

5.2 调整雪山风光照片

纯净又冰冷的雪山画面，表现的非常神圣。本实例素材的色彩不丰富，没有体现出白色的纯净之美，在后期处理中，先利用“锐化”命令对雪山进行锐化，再利用“色相/饱和度”“色阶”等命令来调整画面中的色彩，展现纯净的雪山美景。本实例处理前后的效果如图5-16所示。

图5-16 调整雪山风光照片

步骤01 单击“文件”|“打开”命令，打开一幅素材图像，如图5-17所示。

步骤02 在“图层”面板中复制“背景”图层，得到“背景 拷贝”图层，如图5-18所示。

图5-17 打开素材图像

图5-18 复制背景

步骤03 单击“滤镜”|“锐化”|“USM锐化”命令，在弹出的“USM锐化”对话框中，设置“数量”为65%，“半径”为3.6像素，“阈值”为8色阶，单击“确定”按钮，效果如图5-19所示。

步骤04 新建“色相/饱和度 1”调整图层，在打开的“属性”面板中设置“饱和度”为50，如图5-20所示。

步骤05 按住【Ctrl + Alt + 3】组合键，载入选区，新建“亮度/对比度1”调整图层，设置“亮度”为22，“对比度”为44，如图5-21所示。

步骤06 按【Ctrl + Shift + Alt + E】组合键，盖印可见图层，得到“图层1”图层，按住【Ctrl + Alt + 3】组合键，载入选区，如图5-22所示。

图5-19　执行USM锐化

图5-20　调整色相/饱和度

图5-21　调整亮度/对比度（1）

图5-22　载入选区（1）

步骤07　新建“色阶 1”调整图层，设置RGB参数为15、0.77、247，如图5-23所示。

步骤08　盖印可见图层，得到“图层2”图层，单击“图像”|“应用图像”命令，如图5-24所示。

图5-23　调整色阶

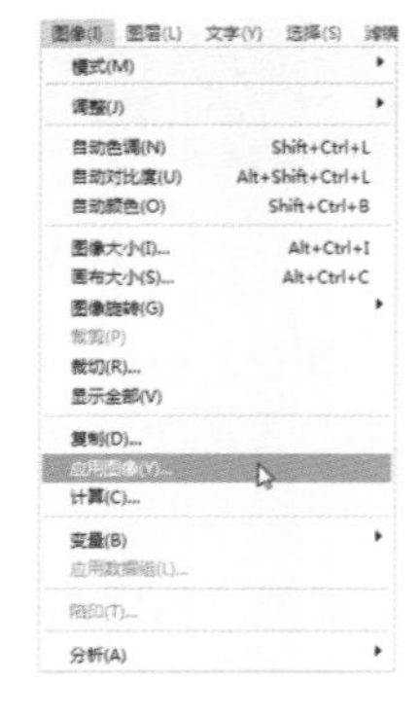

图5-24　单击“应用图像”命令

步骤09　在弹出的“应用图像”对话框中，设置“混合”为“叠加”，单击“确定”按钮，如图5-25所示。

步骤10　再次选择盖印的“图层2”图层，设置此图层的“混合模式”为“变暗”，“不透明度”为45%，如图5-26所示。

图5-25　调整图层顺序

图5-26　调整混合模式

步骤 11　选择工具箱中的套索工具，设置其选项栏的“羽化”为30像素，在雪山周围绘制选区，效果如图5-27所示。

步骤 12　新建“亮度/对比度 2”调整图层，设置“亮度”为12，“对比度”为32，如图5-28所示。

图5-27　载入选区（2）

图5-28　调整亮度/对比度（2）

步骤 13　盖印可见图层，得到“图层3”图层，单击“滤镜”|“杂色”|“减少杂色”命令，如图5-29所示。

步骤 14　在弹出的“减少杂色”对话框中，设置“强度”为4，“保留细节”为23%，“减少杂色”为50%，“锐化细节”为6%，单击“确定”按钮，如图5-30所示。

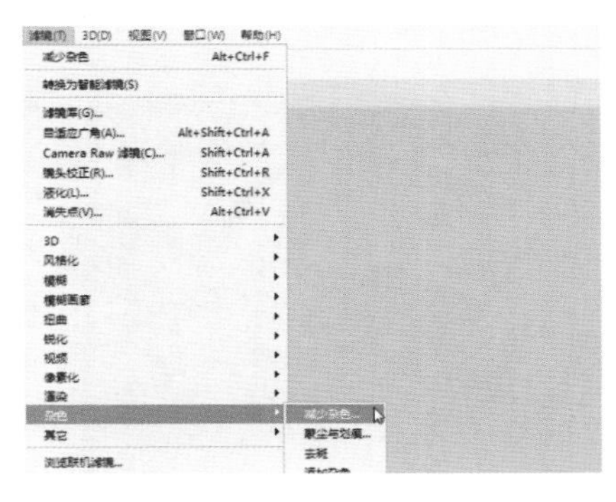

图5-29　单击“减少杂色”命令

图5-30　执行减少杂色

步骤 15 新建“曲线 1”调整图层，设置RGB通道的“输入”为121，“输出”为145，最终效果如图5-31所示。

图5-31 最终效果

5.3 表现沙漠壮丽效果

广阔的沙漠给人一种永远都走不出去的错觉，只有烈日炎炎和一望无际的沙漠。在后期处理时，使用“亮度/对比度”“色相/饱和度”等命令来调整整体的色调。本实例处理前后的效果如图5-32所示。

图5-32 表现沙漠壮丽效果

步骤 01 单击“文件”|“打开”命令，打开一幅素材图像，如图5-33所示。

步骤 02 按【Ctrl + J】组合键，复制图层，得到“图层1”图层，如图5-34所示。

图5-33 打开素材图像

图5-34 复制图层

步骤 03　选中“图层1”图层，设置“图层1”图层的“混合模式”为“叠加”，“不透明度”为45%，如图5-35所示。

步骤 04　新建“亮度/对比度 1”调整图层，设置“亮度”为15，“对比度”为40，如图5-36所示。

图5-35　调整混合模式

图5-36　调整亮度/对比度

步骤 05　新建“自然饱和度 1”调整图层，设置“自然饱和度”为52，“饱和度”为26，如图5-37所示。

步骤 06　新建“色阶 1”调整图层，设置RGB参数为32、0.88、223，如图5-38所示。

图5-37　调整自然饱和度

图5-38　调整色阶（1）

步骤 07　再单击“色阶 1”图层蒙版，选中蒙版对象，选择画笔工具，使用黑色画笔工具在天空位置反复涂抹，如图5-39所示。

步骤 08　按【Ctrl + Shift + Alt + E】组合键，盖印可见图层，得到“图层2”图层，如图5-40所示。

步骤 09　单击“滤镜”|“锐化”|“智能锐化”命令，如图5-41所示。

步骤 10　在弹出的“智能锐化”对话框中，设置“数量”为90%，“半径”为1.8像素，“减少杂色”为10%，单击“确定”按钮，如图5-42所示。

步骤 11　按住【Ctrl + Alt + 3】组合键，载入选区，如图5-43所示。

图5-39　恢复天空原本图像

图5-40　盖印图层（1）

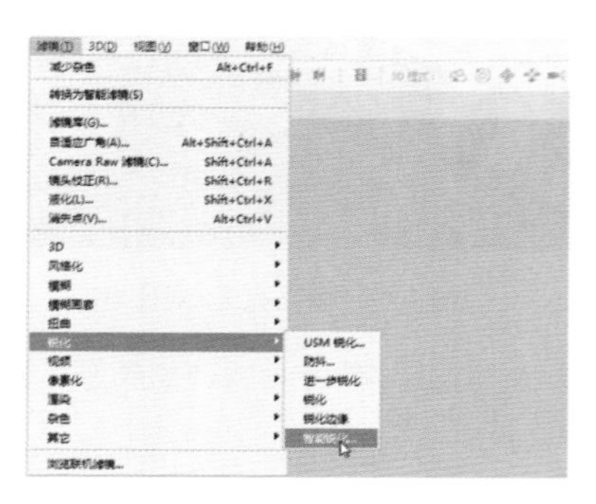

图5-41　单击“智能锐化”命令

图5-42　执行智能锐化

专家指点

按【Shift + Ctrl + I】组合键，可以快速对选区进行反向选取。

步骤 12　新建“色阶 2”调整图层，在打开的“属性”面板中设置RGB参数为89、0.79、255，如图5-44所示。

图5-43　载入选区

图5-44　调整色阶（2）

步骤 13　按【Ctrl + Shift + Alt + E】组合键，盖印可见图层，得到“图层3”图层，如图5-45所示。

步骤 14　单击“滤镜”|“杂色”|“减少杂色”命令，如图5-46所示。

图5-45　盖印图层（2）

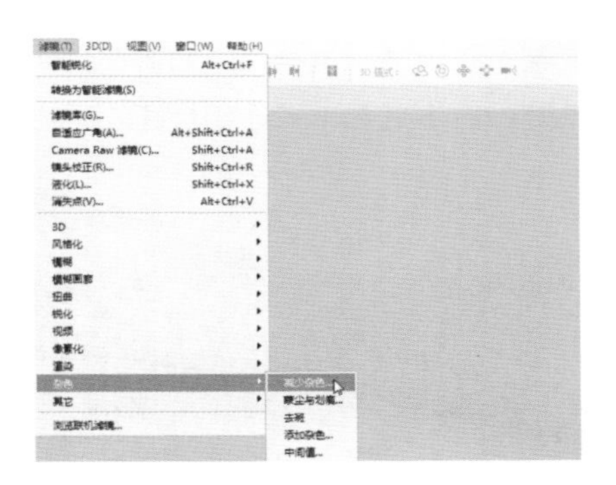

图5-46　单击“减少杂色”命令

步骤 15　在弹出的“减少杂色”对话框中，设置“强度”为6，“保留细节”为30%，“减少杂色”为50%，“锐化细节”为10%，单击“确定”按钮，如图5-47所示。

步骤 16　新建“曲线 1”调整图层，在打开的“属性”面板中设置RGB通道的“输入”为86，“输出”为128，最终效果如图5-48所示。

图5-47　执行减少杂色

图5-48　最终效果

5.4　表现清秀乡村美景

在拍摄乡村美景时，建筑与树林元素的结合可以表现出开放的视野。在后期处理中，主要调整整体的色调和饱和度，表现出清秀的乡村美景。本实例处理前后的效果如图5-49所示。

图5-49　表现清秀乡村美景

步骤01 单击“文件”|“打开”命令，打开一幅素材图像，如图5-50所示。

步骤02 按【Ctrl + J】组合键，复制图层，得到“图层1”图层，如图5-51所示。

图5-50 打开素材图像

图5-51 复制图层

步骤03 选中“图层1”图层，设置“图层1”图层的“混合模式”为“叠加”，“不透明度”为50%，如图5-52所示。

步骤04 新建“亮度/对比度 1”调整图层，设置“亮度”为25，“对比度”为41，如图5-53所示。

图5-52 调整混合模式

图5-53 调整亮度/对比度

步骤05 新建“色阶 1”调整图层，在打开的“属性”面板中设置RGB参数为30、0.91、239，如图5-54所示。

步骤06 再单击“色阶 1”图层蒙版，选中蒙版对象，选择画笔工具，使用黑色画笔工具在天空位置反复涂抹，如图5-55所示。

图5-54 调整色阶

图5-55 恢复天空原本图像

步骤07 新建“色彩平衡 1”调整图层，在打开的“属性”面板中设置“中间调”参数为−8、32、32，如图5-56所示。

步骤 08 按【Ctrl + Shift + Alt + E】组合键，盖印可见图层，得到“图层2”图层，如图5-57所示。

图5-56 调整色彩平衡

图5-57 盖印图层

步骤 09 单击“滤镜”|“锐化”|“智能锐化”命令，如图5-58所示。

步骤 10 在弹出的“智能锐化”对话框中，设置“数量”为59%，“半径”为1.3像素，“减少杂色”为24%，单击“确定”按钮，如图5-59所示。

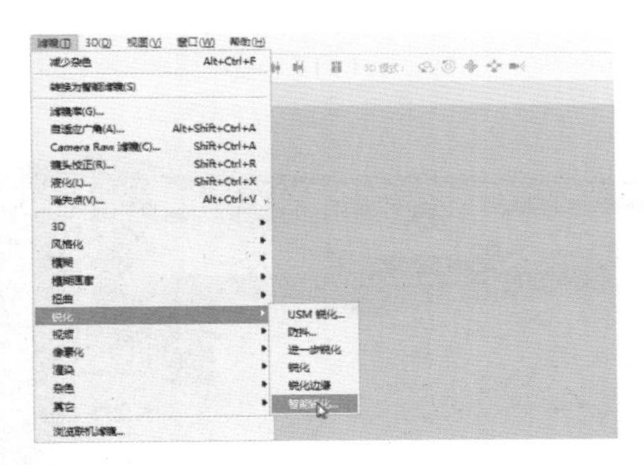

图5-58 单击“智能锐化”命令

图5-59 执行智能锐化

步骤 11 新建“色相/饱和度 1”调整图层，在打开的“属性”面板中设置“色相”为7，“饱和度”为33，最终效果如图5-60所示。

图5-60 最终效果

06

6.1　打造魅力动人的时尚妆容

在后期处理中，利用“色相/饱和度”命令来调整画面中人物眼影的色相，再利用工具箱中的加深减淡工具调整画面的高光和阴影细节部分，实现魅力动人的时尚妆容。本实例处理前后的效果如图6-1所示。

图6-1　打造魅力动人的时尚容妆

步骤01　单击“文件”|“打开”命令，打开一幅素材图像，如图6-2所示。

步骤02　按【Ctrl + J】组合键，复制图层，得到“图层1”图层，如图6-3所示。

图6-2　打开素材图像

图6-3　复制图层

步骤03　选中“图层1”图层，设置“图层1”图层的“混合模式”为“叠加”，“不透明度”为30%，如图6-4所示。

步骤04　新建“色阶 1”调整图层，在打开的“属性”面板中设置RGB的参数为25、1.52、232，如图6-5所示。

步骤05　新建“亮度/对比度 1”调整图层，设置“亮度”为−7，“对比度”为20，如图6-6所示。

步骤06　新建“色相/饱和度 1”调整图层，在打开的“属性”面板中勾选“着色”复选框，如图6-7所示。

步骤07　再设置“色相”为56，“饱和度”为35，“明度”为32，如图6-8所示。

图6-4　调整混合模式（1）

图6-5　调整色阶

图6-6　调整亮度/对比度

图6-7　调整色相/饱和度（1）

步骤08　设置该调整图层的“混合模式”为“叠加”，并将其填充为黑色，使用白色画笔工具在人物眼睛区域涂抹，如图6-9所示。

图6-8　调整色相/饱和度（2）

图6-9　调整混合模式（2）

步骤09　新建“色相/饱和度 2”调整图层，在打开的“属性”面板中勾选“着色”复选框，如图6-10所示。

步骤10　设置“色相”为49，“饱和度”为29，“明度”为8，如图6-11所示。

图6-10　调整色相/饱和度（3）

图6-11　调整色相/饱和度（4）

步骤 11　设置该调整图层的图层“混合模式”为“色相”，将其填充为黑色，使用白色画笔工具在人物眼皮上涂抹，如图6-12所示。

步骤 12　单击“图层”|“新建”|“图层”命令，如图6-13所示。

图6-12　调整图层混合模式

图6-13　新建图层

步骤 13　在弹出的对话框中设置“模式”为“柔光”，勾选“填充柔光中性色”复选框，如图6-14所示。

步骤 14　单击“确定”按钮，得到“图层2”图层，再使用加深和减淡工具，在其选项栏中设置“曝光度”为20%，对人物进行整体的修饰，最终效果如图6-15所示。

图6-14　设置图层

图6-15　最终效果

6.2 展现女性肤色的独特魅力

对于女性照片的处理，在后期处理中，可以在通道中对图片进行调整，再使用“曲线”“色阶”等命令来调整图像，展现出更加迷人的女性肤色，本实例处理前后的效果如图6-16所示。

图6-16 展现女性肤色的独特魅力

步骤 01 单击“文件”|“打开”命令，打开一幅素材图像，如图6-17所示。

步骤 02 复制“背景”图层，得到“背景 拷贝”图层，如图6-18所示。

图6-17 打开素材图像

图6-18 复制图层

步骤 03 展开通道面板，选择“绿”通道，按【Ctrl + A】组合键进行全选，再按【Ctrl + C】组合键进行复制，选择“蓝”通道，按【Ctrl + V】组合键进行粘贴，如图6-19所示。

步骤 04 选择“背景 拷贝”图层，给该图层添加蒙版，使用黑色画笔工具把人物衣服涂抹出来，如图6-20所示。

步骤 05 新建“色阶 1”调整图层，设置RGB参数为25、1.21、228，如图6-21所示。

步骤 06 新建“曲线 1”调整图层，设置“红”通道的“输入”为159，“输出”为110，如图6-22所示。

步骤 07 继续在“曲线 1”调整图层中，设置“绿”通道的“输入”为72，“输出”为125，“蓝”通道的“输入”为78，“输出”为121，再设置“曲线 1”调整图层的“不透明度”为17%，如图6-23所示。

图6-19　调整通道

图6-20　使用蒙版编辑图像效果

图6-21　调整色阶

图6-22　调整曲线（1）

专家指点

单击“色阶”选项下的“自动”按钮，可以自动调整图像的影调和颜色。

步骤 08　选择椭圆选框工具，在其选项栏设置“羽化”为30像素，在人物周围绘制选区，再将选区反选，然后新建“曲线 2”调整图层，设置RGB通道的“输入”为158，“输出”为129，最终效果如图6-24所示。

图6-23　调整曲线（2）

图6-24　最终效果

6.3 展现小清新风格人像照片

想要打造出清新淡雅的照片，可以在后期处理时，利用“色阶”“亮度/对比度”“曲线”等命令调整整体色调，展现出小清新风格的人物照片。本实例处理前后的效果如图6-25所示。

图6-25 展现小清新风格人像照片

步骤01 单击“文件”|“打开”命令，打开一幅素材图像，如图6-26所示。

步骤02 按【Ctrl+J】组合键，复制图层，得到“图层1”图层，如图6-27所示。

图6-26 打开素材图像

图6-27 复制图层

步骤03 新建“亮度/对比度1”调整图层，设置“亮度”为10，“对比度”为24，如图6-28所示。

步骤04 新建“色相/饱和度 1”调整图层，设置“色相”为15，“饱和度”为50，如图6-29所示。

步骤05 新建“色阶 1”调整图层，设置RGB参数为12、0.66、239，再单击“色阶 1”图层蒙版，选中蒙版对象，选择画笔工具，使用黑色画笔工具在人物位置反复涂抹，如图6-30所示。

步骤06 新建“色彩平衡 1”调整图层，设置“中间调”参数为 −25、13、18，如图6-31所示。

图6-28　调整亮度/对比度

图6-29　调整色相/饱和度

图6-30　调整色阶

图6-31　调整色彩平衡

步骤 07　新建“曲线 1”调整图层，设置RGB通道的“输入”为116，“输出”为86，如图6-32所示。

步骤 08　按【Ctrl + Shift + Alt + E】组合键，盖印可见图层，得到“图层2”图层，单击“滤镜”|“渲染”|“镜头光晕”命令，在弹出的对话框中设置“镜头光晕”的角度，并设置“亮度”为100%，单击“确定”按钮，最终效果如图6-33所示。

图6-32　调整曲线

图6-33 最终效果

6.4 打造天真活泼的儿童写真

对于儿童的写真照片处理，使用矩形选框工具复制图层，再利用“滤镜”中的命令来制作出照片的暗角效果，打造天真活泼的儿童写真。本实例处理前后的效果如图6-34所示。

图6-34　打造天真活泼的儿童写真

步骤 01　单击“文件”|“打开”命令，打开一幅Raw格式的素材图像，如图6-35所示。

步骤 02　单击“基本”按钮，在其选项卡中，设置“曝光”为1.1，“对比度”为-34，让画面的明暗效果加强，如图6-36所示。

图6-35　打开素材图像

图6-36　调整Camera Raw（1）

步骤 03　继续在“基本”选项卡中，设置“高光”为-3，“白色”为43，“黑色”为-32，增强画面的整体影调，如图6-37所示。

步骤 04　继续在“基本”选项卡中设置“清晰度”为22，“自然饱和度”为67，“饱和度”为9，增强照片的清晰度，调整照片的饱和度和色彩，如图6-38所示。

步骤 05　选取工具箱中的径向滤镜工具，勾选“蒙版”复选框，在图像上的适当位置处创建一个径向渐变区域，如图6-39所示。

步骤 06　在“径向滤镜”面板中，设置“曝光度”为-2.55，“对比度”为100，如图6-40所示。

图6-37　调整Camera Raw（2）

图6-38　调整Camera Raw（3）

图6-39　调整Camera Raw（4）

图6-40　调整Camera Raw（5）

步骤 07　继续在“径向滤镜”面板中，设置“高光”为−52，“阴影”为−42，如图6-41所示。

步骤 08　继续在“径向滤镜”面板中，设置“清晰度”为61，“饱和度”为93，“颜色”为淡黄色，在弹出的“拾色器”对话框中设置“色相”为43，“饱和度”为73，单击“确定”按钮，取消勾选“蒙版”复选框，添加暗角效果，最终效果如图6-42所示。

图6-41　调整Camera Raw（6）

图6-42　最终效果

6.5 打造淡雅日系风格婚纱照

自然清新的日系风格照片，大多数透露着一种温馨淡然的气息。为了打造出日系风格的画面感，在后期处理中，使用各种调色等命令来调整画面影调，然后改变画面构图，形成一种比较优美的对称构图形式，展现出婚纱照的淡雅唯美画面。本实例处理前后的效果如图6-43所示。

图6-43 打造淡雅日系风格婚纱照

步骤 01 单击“文件”|“新建”命令，在弹出的“新建文档”对话框中，设置“名称”为6.5，“宽度”为30厘米，“高度”为20厘米，“分辨率”为300像素/英寸，“颜色模式”为“RGB颜色”，“背景内容”为白色，然后单击“确定”按钮，如图6-44所示。

步骤 02 单击“文件”|“打开”命令，打开一幅素材图像，如图6-45所示。

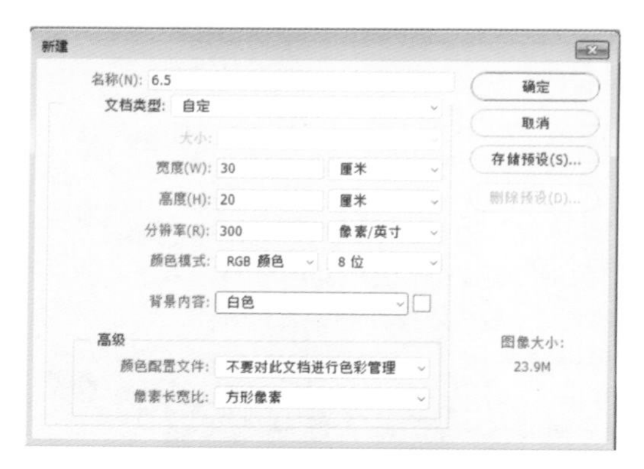

图6-44 新建文件

图6-45 打开素材图像

步骤 03 按【Ctrl + A】组合键，全选图像，按【Ctrl + C】组合键，进行复制；回到6.5.psd文件中，新建图层，得到“图层 1”图层，将6.5.jpg图像复制到其中，再调整图像大小，如图6-46所示。

步骤 04 选中“图层 1”图层，给“图层 1”添加图层蒙版，使用渐变工具对蒙版进行编辑，将图像左侧做成渐隐的效果，如图6-47所示。

步骤 05 新建“色彩平衡 1”调整图层，在打开的“属性”面板中设置“中间调”参数为 −34、26、5，调整画面的色彩，如图6-48所示。

图6-46　复制图像（1）

图6-47　使用图层蒙版编辑图像效果

步骤 06　新建“自然饱和度 1”调整图层，设置“自然饱和度”为6，“饱和度”为19，如图6-49所示。

图6-48　调整色彩平衡

图6-49　调整自然饱和度

步骤 07　单击“自然饱和度 1”图层蒙版，选中蒙版对象，选择画笔工具，使用黑色画笔工具在人物位置反复涂抹，如图6-50所示。

步骤 08　新建“亮度/对比度 1”调整图层，设置“对比度”为30，如图6-51所示。

图6-50　恢复人物原本图像

图6-51　调整亮度/对比度

步骤 09 新建“曲线 1”调整图层，设置RGB通道的“输入”为99，“输出”为120，如图6-52所示。

步骤 10 按【Ctrl + Shift + Alt + E】组合键，盖印可见图层，得到“图层2”图层，如图6-53所示。

图6-52 调整曲线

图6-53 盖印图层

步骤 11 选择“图层2”图层，适当调整大小，并对其进行翻转处理，放置在图像的左侧，设置该图层的“不透明度”为40%，为“图层2”图层添加图层蒙版，使用渐变工具对蒙版进行编辑，如图6-54所示。

步骤 12 使用矩形选框工具，在其选项栏设置“样式”为“固定大小”，“宽度”和“高度”均为500像素，并使用“添加到选区”的方式创建选区，使用鼠标在画面单击，创建多个选区，如图6-55所示。

图6-54 翻转图像

图6-55 创建选区

专家指点

在“图层”面板中，选中要添加图层蒙版的对象图层，单击“图层”|“图层蒙版”|“显示全部”命令，就可以给选定的图层添加图层蒙版。也可以在“图层”面板中，单击“添加蒙版”按钮，来添加图层蒙版。

步骤 13 按【Ctrl + J】组合键，复制选区图像，得到“图层3”图层，如图6-56所示。

步骤 14 新建“色相/饱和度 1”调整图层，设置“色相”为8，“饱和度”为17，如图6-57所示。

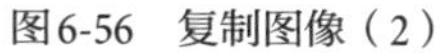

图6-56 复制图像（2）

图6-57 调整色相/饱和度

步骤 15 使用工具箱中的横排文字工具，在打开的“字符”面板中进行设置，“字体”为“黑体”，“字体大小”为48和30，调整文字的填充颜色RGB为173、243、255，输入“幸福，是要靠自己牢牢抓住的”，并将其放在合适的位置，作为照片的修饰，最终效果如图6-58所示。

图6-58 最终效果

07

第7章　建筑照片的后期处理

学习提示

庄严雄伟的建筑，具有很强的线条感，可以在摄影中运用透视的构图技巧，增强画面中建筑的立体感。本章主要介绍使用Photoshop处理各种建筑照片的后期技巧，包括展现神秘沧桑的古老建筑、打造古香古色的水乡古镇、打造现代化的城市景观和表现庄严神圣的异域建筑等。

7.1　展现神秘沧桑的古老建筑

古香古色的古老建筑，经历了历史的洗礼，显得无比的庄严。本实例的画面暗淡，色彩太过单调，在后期处理中，使用仿制图章工具修复多余部分，使用渐变工具绘制填充效果，结合“色阶”等命令调整图层，展现出神秘沧桑的古老建筑，本实例处理前后的效果如图7-1所示。

图7-1　展现神秘沧桑的古老建筑

步骤 01　单击“文件”|“打开”命令，打开一幅素材图像，如图7-2所示。

步骤 02　按【Ctrl + J】组合键，复制图层，得到“图层1”图层，如图7-3所示。

图7-2　打开素材图像

图7-3　复制图层

步骤 03　选择工具箱中的仿制图章工具，按住【Alt】键单击并取样，修复破损的石砖和柱子，效果如图7-4所示。

步骤 04　选择工具箱中的污点修复工具，将鼠标指针移动到画面的楼梯扶手位置的污点处单击，去除污点，效果如图7-5所示。

步骤 05　选中“图层1”图层，按【Ctrl + J】组合键，复制图层，得到“图层1 拷贝”图层，设置此图层的“混合模式”为“叠加”，如图7-6所示。

步骤 06　新建“渐变映射 1”调整图层，在打开的“属性”面板中单击“点按可编辑渐变”，如图7-7所示。

图7-4　修复破损的石砖和柱子

图7-5　去除图像污点

图7-6　调整混合模式（1）

图7-7　调整渐变映射

步骤07　在打开的对话框中设置从RGB为27、8、2到RGB为255、124、0的颜色渐变，单击“确定”按钮，如图7-8所示。

步骤08　选择“渐变映射 1”调整图层，设置此图层的“混合模式”为“柔光”，如图7-9所示。

图7-8　编辑渐变颜色

图7-9　调整混合模式（2）

步骤09　新建“色彩平衡 1”调整图层，在打开的“属性”面板中设置“中间调”为-7、-11、-34，如图7-10所示。

步骤10　新建“色阶 1”调整图层，设置RGB参数为8、1.20、224，如图7-11所示。

图7-10　调整色彩平衡

图7-11　调整色阶

步骤 11　按【Ctrl + Shift + Alt + E】组合键，盖印可见图层，得到“图层2”图层，如图7-12所示。

步骤 12　单击“滤镜”|“渲染”|“镜头光晕”命令，打开“镜头光晕”对话框，调整光源位置至图像右侧，并设置“亮度”为163%，单击“确定”按钮，效果如图7-13所示。

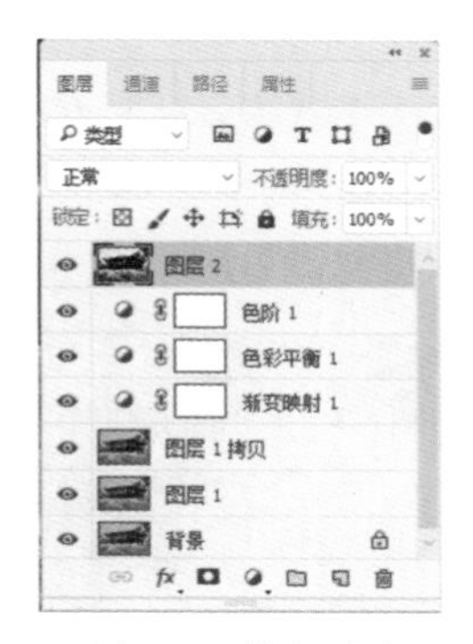

图7-12　盖印图层

图7-13　执行“镜头光晕”命令

步骤 13　选择“图层2”图层，给该图层添加图层蒙版，选择画笔工具，在其选项栏设置“不透明度”为35%，“流量”为55%，使用黑色画笔工具在光斑和右侧亮的区域进行涂抹，如图7-14所示。

步骤 14　新建“色阶 2”调整图层，设置RGB的参数为36、1.18、240，最终效果如图7-15所示。

图7-14　使用画笔工具

图7-15　最终效果

7.2　打造古香古色的水乡古镇

神秘悠久的水乡古镇散发着令人向往的那份舒适和惬意。本实例的水乡建筑对比不够强烈，色彩不够丰富，在后期处理中，使用“色阶”“曲线”等命令调整画面的对比和色彩，并添加文字效果，打造出古香古色的水乡古镇画面。本实例处理前后的效果如图7-16所示。

图7-16　打造古香古色的水乡古镇

步骤 01　单击“文件”|“打开”命令，打开一幅素材图像，如图7-17所示。

步骤 02　单击污点修复工具，然后单击水中的杂点，即可修复图像，如图7-18所示。

图7-17　打开素材图像

图7-18　修复水中杂点

步骤 03　按【Ctrl + J】组合键，复制图层，得到“图层1”图层，如图7-19所示。

步骤 04　新建“色阶 1”调整图层，设置RGB通道的参数为8、1.71、230，如图7-20所示。

图7-19　复制图层

图7-20　调整色阶（1）

步骤 05　继续在“色阶 1”调整图层中，设置“红”通道参数为27、1.00、210，如图7-21所示。

步骤 06 继续在“色阶 1”调整图层中，设置“蓝”通道参数为33、1.03、233，如图7-22所示。

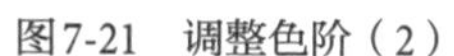

图7-21 调整色阶（2）

图7-22 调整色阶（3）

步骤 07 单击“色阶 1”调整图层，选择画笔工具，在其选项栏设置“不透明度”为37%、“流量”为37%，使用黑色画笔在天空处涂抹，如图7-23所示。

步骤 08 新建“曲线 1”调整图层，设置RGB通道的第一个控制点的“输入”为211，“输出”为229，第二个控制点的“输入”为110，“输出”为111，如图7-24所示。

图7-23 恢复天空处的图像

图7-24 调整曲线

步骤 09 新建“色相/饱和度 1”调整图层，设置“红”通道的“色相”为−10，“饱和度”为41，如图7-25所示。

步骤 10 继续在“色相/饱和度 1”调整图层中，设置“黄”通道的“色相”为1，“饱和度”为20，如图7-26所示。

图7-25 调整色相/饱和度（1）

图7-26 调整色相/饱和度（2）

步骤 11 新建“亮度/对比度 1”调整图层，设置“亮度”为13，“对比度”为20，如图7-27所示。

步骤 12 使用横排文字工具，输入相应文本，在其选项栏设置“字体”为“华文行楷”，“字体”大小为175，“字体颜色”为黑色，并将其放置在左上角，修饰图像，最终效果如图7-28所示。

图7-27 调整亮度/对比度

图7-28 最终效果

7.3 打造现代化的城市景观

现代化的高楼大厦是比较简约的建筑特色，在后期处理中，使用“智能锐化”“色阶”“渐变映射”等命令调整图像，打造出现代化的城市景观。本实例处理前后的效果如图7-29所示。

图7-29 打造现代化的城市景观

步骤 01 单击“文件”|“打开”命令，打开一幅素材图像，如图7-30所示。

步骤 02 按【Ctrl + J】组合键，复制图层，得到“图层1”图层，如图7-31所示。

步骤 03 单击“滤镜”|“锐化”|“智能锐化”命令，弹出“智能锐化”对话框，如图7-32所示。

步骤 04 在弹出的“智能锐化”对话框中，设置“数量”为100%，“半径”为2.0像素，“减少杂色”为10%，“移去”为“高斯模糊”，单击“确定”按钮，效果如图7-33所示。

步骤 05 新建“亮度/对比度 1”调整图层，设置“亮度”为36，“对比度”为30，提亮图像，增强明暗对比效果，如图7-34所示。

图7-30　打开素材图像

图7-31　复制图层

图7-32　弹出“智能锐化”对话框

图7-33　执行“智能锐化”命令

步骤 06　新建“色阶 1”调整图层，在打开的“属性”面板中设置RGB参数为35、0.84、236，增强影调效果，如图7-35所示。

图7-34　调整亮度/对比度

图7-35　调整色阶（1）

步骤 07　新建“色相/饱和度 1”调整图层，设置“饱和度”为62，如图7-36所示。

步骤 08　按【Ctrl + Shift + Alt + E】组合键，盖印可见图层，得到“图层2”图层，如图7-37所示。

步骤 09　单击“滤镜”|“模糊画廊”|“移轴模糊”命令，弹出“模糊工具”对话框，如图7-38所示。

图7-36　调整色相/饱和度

图7-37　盖印图层

步骤 10　在弹出的对话框中设置“模糊”为7像素，“扭曲度”为－50%，按【Enter】键，效果如图7-39所示。

图7-38　弹出“模糊工具”对话框

图7-39　执行“移轴模糊”命令

步骤 11　新建“颜色填充 1”调整图层，设置填充颜色为RGB为4、48、111，选择“颜色填充 1”调整图层，设置该图层“混合模式”为“排除”，如图7-40所示。

步骤 12　新建“色阶 2”调整图层，在打开的“属性”面板中设置RGB参数为27、0.97、228，如图7-41所示。

图7-40　调整颜色填充

图7-41　调整色阶（2）

步骤 13　设置前景色RGB为80、100、125，背景色RGB为230、200、189，新建“渐变映射 1”调整图层，单击渐变条右侧的三角形按钮，选择“从前景色到背景色渐变”选项，如图7-42所示。

步骤 14 在“图层”面板中选择“渐变映射 1”调整图层，设置该图层“混合模式”为“柔光”，“不透明度”为80%，如图7-43所示。

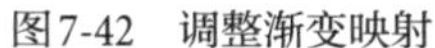

图7-42　调整渐变映射

图7-43　调整混合模式

步骤 15 按【Ctrl + Alt + 3】组合键，载入选区，如图7-44所示。

步骤 16 新建“色彩平衡 1”调整图层，设置“中间调”为27、17、−6，如图7-45所示。

图7-44　载入选区（1）

图7-45　调整色彩平衡

步骤 17 按住【Ctrl】键不放，同时单击“色彩平衡 1”调整图层的缩览图，将此图层载入选区，效果如图7-46所示。

步骤 18 新建“色阶 3”调整图层，设置RGB的参数为21、1.20、252，最终效果如图7-47所示。

图7-46　载入选区（2）

图7-47　最终效果

7.4　表现庄严神圣的异域建筑

异域的建筑非常注重建筑的构造和外形的装饰细节，体现了庄严神圣的感觉。在后期处理中，利用“黑白”命令将图像转换成黑白效果，再利用“高反差保留”滤镜“色彩平衡”等命令来调整图像的色调，表现出庄严神圣的异域建筑。本实例处理前后的效果如图7-48所示。

图7-48　表现庄严神圣的异域建筑

步骤 01　单击“文件”|“打开”命令，打开一幅素材图像，如图7-49所示。

步骤 02　新建“黑白 1”调整图层，设置“红色”为108，“黄色”为87，“绿色”为83，“青色”为−57，“蓝色”为−60，“洋红”为80，如图7-50所示。

图7-49　打开素材图像

图7-50　新建“黑白”图层

步骤 03 执行上述“黑白 1”调整图层操作后，即可把彩色图像转换为黑白图像，效果如图7-51所示。

步骤 04 按【Ctrl + Shift + Alt + E】组合键，盖印可见图层，得到“图层1”图层，如图7-52所示。

图7-51 调整“黑白”图像效果

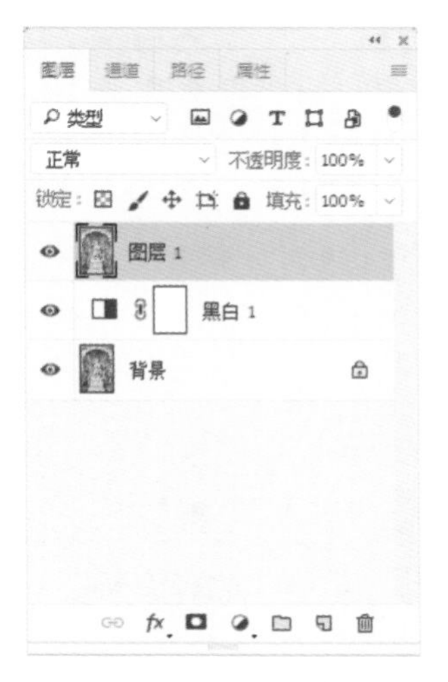

图7-52 盖印图层（1）

步骤 05 单击“滤镜”|“锐化”|“智能锐化”命令，弹出“智能锐化”对话框，如图7-53所示。

步骤 06 在弹出的“智能锐化”对话框中，设置“数量”为100%，“半径”为7.5像素，“减少杂色”为10%，“移去”为“高斯模糊”，单击“确定”按钮，效果如图7-54所示。

图7-53 弹出“智能锐化”对话框

图7-54 执行“智能锐化”命令

步骤 07 按【Ctrl + Shift + Alt + E】组合键，盖印可见图层，得到“图层2”图层，将此图层的“混合模式”设置为“叠加”，如图7-55所示。

步骤 08 单击“滤镜”|“其它”|“高反差保留”命令，弹出“高反差保留”对话框，设置“半径”为2.8像素，单击“确定”按钮，效果如图7-56所示。

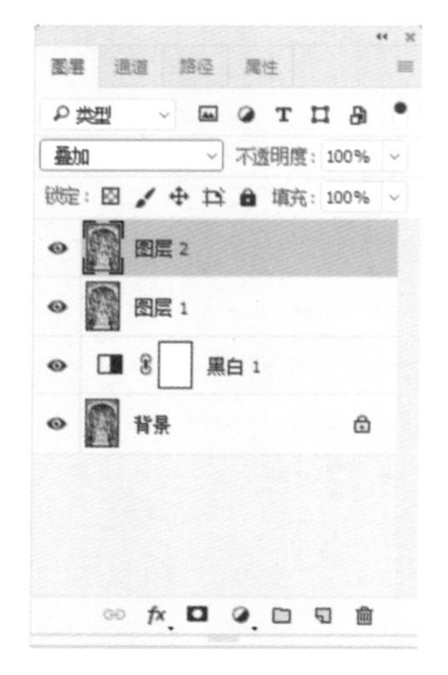

图7-55 调整混合模式

图7-56 执行“高反差保留”命令

步骤 09 新建“色阶 1”调整图层，在打开的“属性”面板中设置RGB的参数为21、1.13、242，如图7-57所示。

步骤 10 执行上述“色阶 1”调整图层操作后，可以增强图像的明暗对比，效果如图7-58所示。

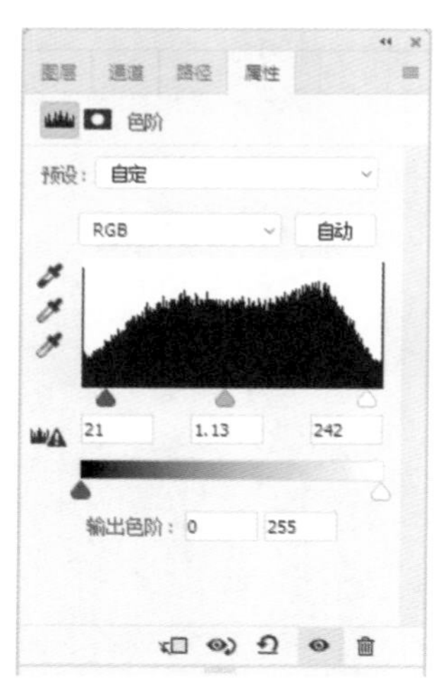

图7-57 新建“色阶”图层

图7-58 调整“色阶”图层效果

步骤 11 新建“色彩平衡 1”调整图层，设置“中间调”参数为−4、−3、2，“阴影”参数为−6、0、−22，“高光”参数为−7、0、−12，效果如图7-59所示。

步骤 12 按【Ctrl + Shift + Alt + E】组合键，盖印可见图层，得到“图层3”图层，如图7-60所示。

步骤 13 新建“亮度/对比度 1”调整图层，设置“亮度”为 -16，“对比度”为43，如图7-61所示。

步骤 14 新建“通道混合器 1”调整图层，在打开的“属性”面板中设置“红”通道的“红色”为98%，“绿色”为 -5%，“蓝色”为5%，最终效果如图7-62所示。

图7-59 调整色彩平衡

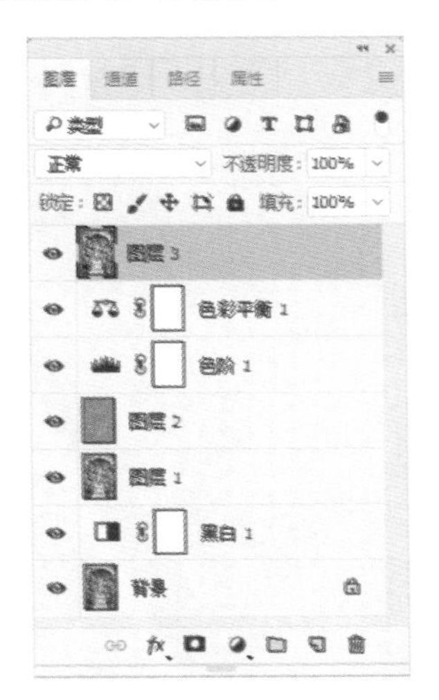

图7-60 盖印图层（2）

图7-61 调整亮度/对比度

图7-62 最终效果

08

第8章　夜景照片的后期处理

学习提示

在寂静的夜色中，城市的夜景显得格外的宁静。为了打造美不胜收的城市夜景。本章主要介绍使用Photoshop处理各种夜景照片的后期技巧，包括打造绚丽的烟花美景、营造宁静的夜色美景、流光溢彩的车流灯轨和灯光明亮的都市夜景等。

8.1　打造绚丽的烟花美景

变幻莫测的烟花绽放在夜空中，显得无比的绚丽。为了使烟火绽放的更加绚丽，在后期处理中，利用裁剪工具调整烟花的位置，调整至视觉的中心点，再利用“色阶”调整图像的明暗对比，最后使用“自然饱和度”提高图像的饱和度，打造绚丽的烟花美景。本实例处理前后的效果如图 8-1 所示。

图 8-1　打造绚丽的烟花美景

步骤 01　单击“文件”|“打开”命令，打开一幅素材图像，如图 8-2 所示。

步骤 02　按【Ctrl + J】组合键，复制图层，得到“图层 1”图层，如图 8-3 所示。

图 8-2　打开素材图像

图 8-3　复制图层

步骤 03　选择工具箱中的裁剪工具，单击图像，绘制裁剪框，如图 8-4 所示。

步骤 04　将鼠标指针移至裁剪框上方，当指针变成双向箭头时，单击并拖曳鼠标指针调整裁剪框，如图 8-5 所示。

步骤 05　按【Enter】键确定裁剪图像，效果如图 8-6 所示。

步骤 06　选择矩形选框工具，在烟火图像上方绘制一个矩形选区，如图 8-7 所示。

步骤 07　按【Ctrl + T】组合键，打开自由变换编辑框，将鼠标指针移至编辑框边缘上方，当指针变成双向箭头时，单击并向上拖曳，如图 8-8 所示。

步骤 08　按【Enter】键，确定自由编辑框，如图 8-9 所示。

图8-4　选择裁剪工具

图8-5　调整裁剪框

图8-6　裁剪图像

图8-7　绘制选区

图8-8　打开自由变换编辑框

图8-9　确定自由编辑框

步骤 09　按【Ctrl + D】组合键，取消选择，效果如图8-10所示。

步骤 10　新建“色阶 1”调整图层，打开“属性”面板，单击“预设”下拉按钮，在打开的下拉列表中选择“中间调较暗”选项，调整整体图像，降低中间调的图像亮度，效果如图8-11所示。

步骤 11　复制“色阶 1”调整图层，得到“色阶 1 拷贝”图层，如图8-12所示。

步骤 12　选择“色阶 1 拷贝”图层，设置该图层的“不透明度”为80%，效果如图8-13所示。

图8-10　取消选择

图8-11　调整色阶（1）

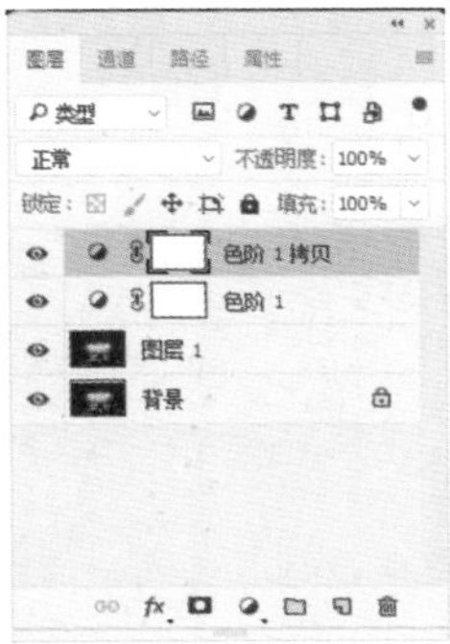

图8-12　复制得到“色阶1拷贝”图层

图8-13　调整不透明度

步骤 13　双击“色阶 1 拷贝”图层缩览图，在打开的“属性”面板中调整选项，设置RGB的参数为0、0.84、255，如图8-14所示。

步骤 14　新建“自然饱和度 1”调整图层，在打开的“属性”面板中设置“自然饱和度”为42，“饱和度”为51，如图8-15所示。

图8-14　调整色阶（2）

图8-15　调整自然饱和度

步骤 15　执行上述“自然饱和度 1”调整操作后，图像饱和度增强，效果如图8-16所示。

步骤 16　新建“色彩平衡 1”调整图层，在打开的“属性”面板中设置“中间调”为22、29、−45，如图8-17所示。

图8-16　调整“自然饱和度”后的效果

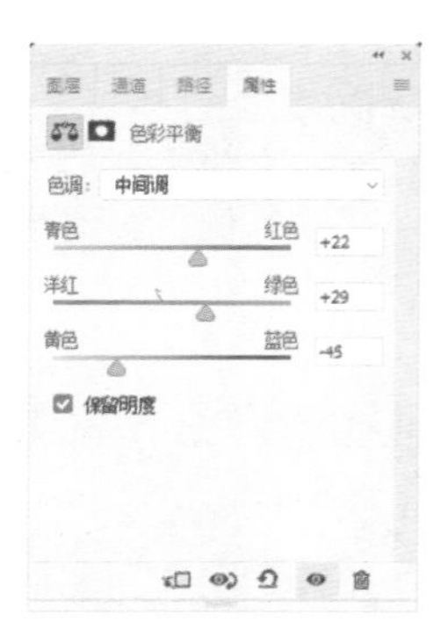

图8-17　调整色彩平衡

步骤 17　执行“色彩平衡”调整操作后，平衡中间调颜色，效果如图8-18所示。

步骤 18　新建“亮度/对比度 1”调整图层，设置“亮度”为45，“对比度”为28，最终效果如图8-19所示。

图8-18　执行“色彩平衡”后的效果

图8-19　最终效果

8.2　营造宁静的夜色美景

孤立的大桥在灯光的映衬下，显得无比的宁静。想要增强夜色的寂静，在后期处理中，通过利用“混合模式”“色相/饱和度”“色彩平衡”等命令调整图像色调，营造出更为宁静的夜色美景。本实例处理前后的效果如图8-20所示。

图8-20　营造宁静的夜色美景

步骤 01 单击“文件”|“打开”命令，打开一幅素材图像，如图8-21所示。

步骤 02 按【Ctrl + J】组合键，复制图层，得到“图层1”图层，如图8-22所示。

图8-21 打开素材图像

图8-22 复制图层

步骤 03 单击“滤镜”|“杂色”|“减少杂色”命令，弹出“减少杂色”对话框，如图8-23所示。

步骤 04 在弹出的“减少杂色”对话框中，设置“强度”为6，“保留细节”为40%，“减少杂色”为30%，“锐化细节”为25%，并勾选“移去JPEG不自然感”复选框，单击“确定”按钮，效果如图8-24所示。

图8-23 “减少杂色”对话框

图8-24 执行“减少杂色”命令效果

步骤 05 新建“色相/饱和度 1”调整图层，设置“饱和度”为44，如图8-25所示。

步骤 06 执行“色相/饱和度 1”调整操作后，画面色彩饱和度得到提高，效果如图8-26所示。

步骤 07 按【Ctrl + Shift + Alt + E】组合键，盖印可见图层，得到“图层2”图层，如图8-27所示。

步骤 08 单击“选择”|“色彩范围”命令，在弹出的“色彩范围”对话框中设置“颜色容差”为143，并用吸管工具在左边桥梁位置单击，如图8-28所示。

步骤 09 单击“确定”按钮，创建选区，效果如图8-29所示。

图8-25　调整色相/饱和度

图8-26　调整“色相/饱和度”的效果

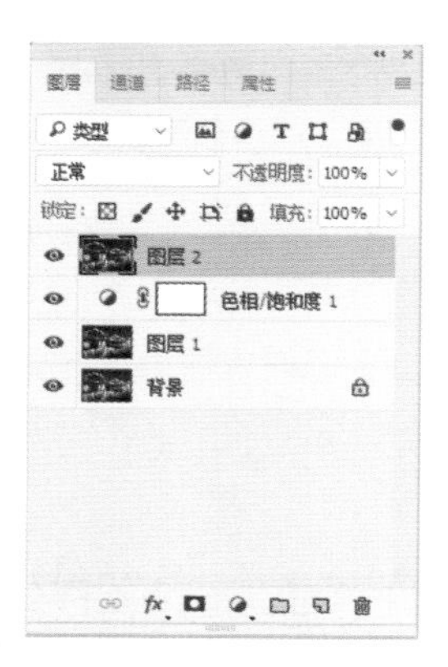

图8-27　盖印图层

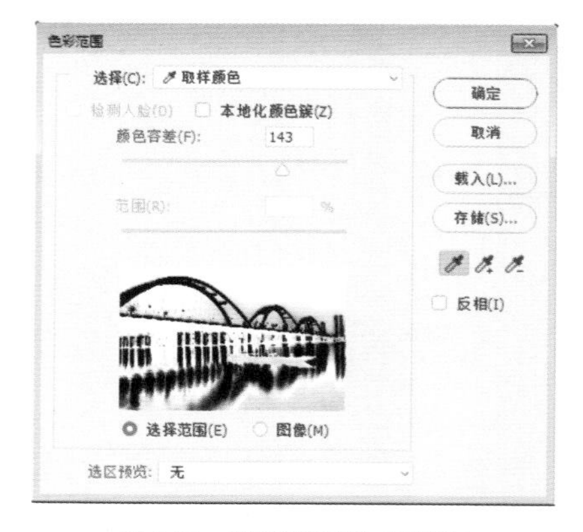

图8-28　“色彩范围”对话框

步骤 10　新建“色彩平衡 1”调整图层，设置“色调”为“高光”，输入颜色值为21、0、−9，如图8-30所示。

图8-29　创建选区（1）

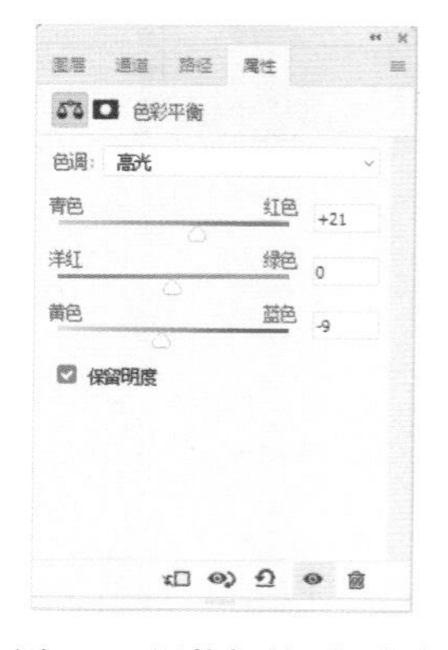

图8-30　调整色彩平衡（1）

步骤 11　继续在新建“色彩平衡 1”调整图层中，设置“色调”为“中间调”，输入颜色值为51、0、23，如图8-31所示。

步骤 12　执行上述操作后，平衡图像的“高光”“中间调”的色彩，效果如图8-32所示。

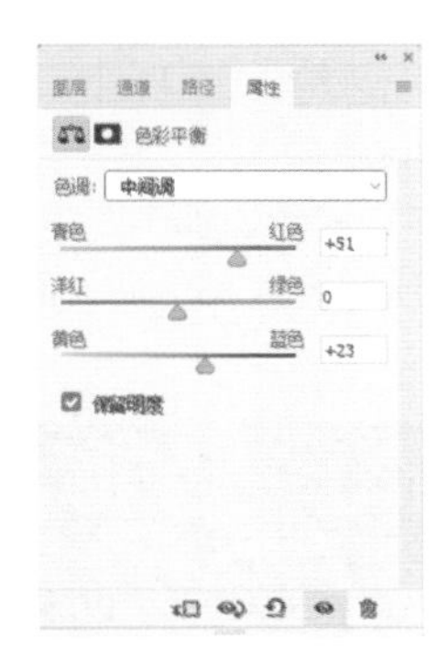

图8-31 调整色彩平衡（2）

图8-32 调整“色彩平衡1”的效果

步骤13 选择“图层2”图层，单击“选择”|“色彩范围”命令，在弹出的“色彩范围”对话框中设置“颜色容差”为143，并用吸管工具在湖水中的蓝色光位置单击，单击“确定”按钮，创建选区，效果如图8-33所示。

步骤14 新建“色彩平衡2”调整图层，设置“中间调”为−36、−16、45，如图8-34所示。

图8-33 创建选区（2）

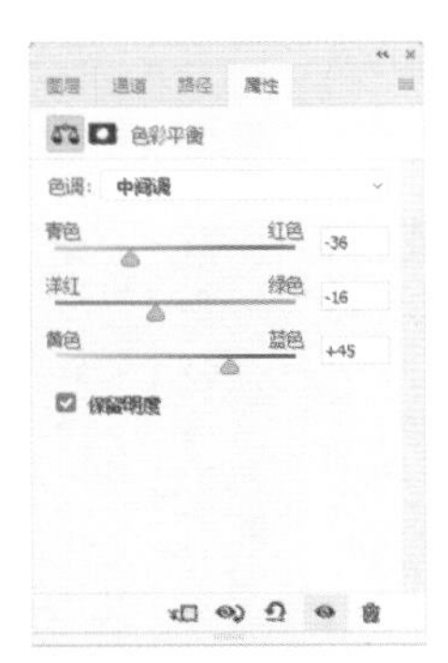

图8-34 调整色彩平衡（3）

步骤15 执行“色彩平衡2”调整图层操作后，平衡画面的蓝色调，效果如图8-35所示。

步骤16 按住【Ctrl】键，单击“色彩平衡2”图层蒙版缩览图，新建“曲线1”调整图层，设置RGB通道的“输入”为144，“输出”为114，最终效果如图8-36所示。

图8-35 调整“色彩平衡2”的效果

图8-36 最终效果

8.3 流光溢彩的车流灯轨

夜间在城市的街道上，有许多川流不息的汽车，使寂静又繁华的都市变得生机勃勃。在后期处理中，利用“色阶”“色彩平衡”等命令来调整区域的亮度和色调，展现出流光溢彩的车流灯轨。本实例处理前后的效果如图8-37所示。

图8-37 流光溢彩的车流灯轨

步骤01 单击“文件”|“打开”命令，打开一幅素材图像，如图8-38所示。

步骤02 复制“背景”图层，得到“背景 拷贝”图层，如图8-39所示。

图8-38 打开素材图像

图8-39 复制图层

步骤03 选择“背景 拷贝”图层，设置“混合模式”为“柔光”，不透明度“为70%，如图8-40所示。

步骤04 新建“色阶 1”调整图层，在打开的“属性”面板中设置RGB的参数为23、0.90、200，如图8-41所示。

步骤05 新建“色彩平衡 1”调整图层，在打开的属性面板中设置“中间调”为13、-18、21，如图8-42所示。

步骤06 执行上述“色彩平衡 1”调整操作后，平衡图像的中间调，效果如图8-43所示。

步骤07 继续在“色彩平衡 1”调整图层中，在打开的“属性”面板中设置“阴影”为-18、0、-12，如图8-44所示。

图8-40　调整混合模式

图8-41　调整色阶

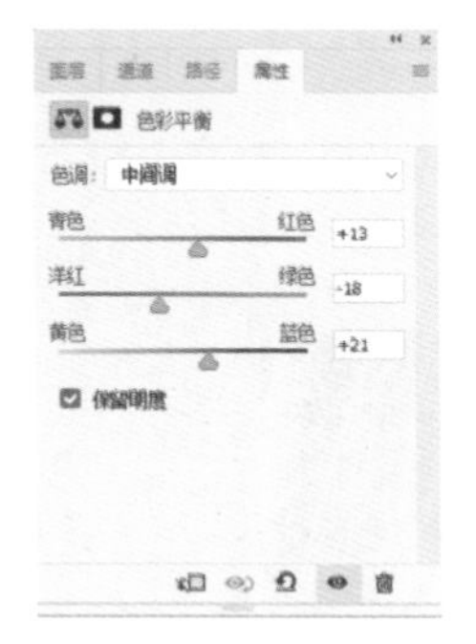

图8-42　调整色彩平衡（1）

图8-43　平衡图像的中间调

步骤 08　执行上述“色彩平衡 1”调整操作后，平衡图像的阴影部分色彩，效果如图8-45所示。

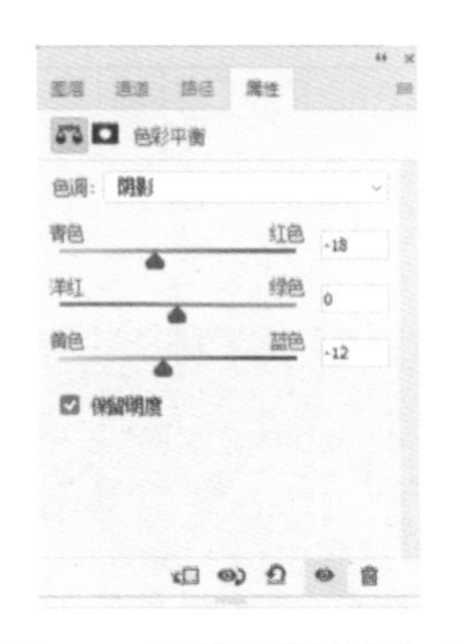

图8-44　调整色彩平衡（2）

图8-45　平衡图像的阴影部分

步骤 09　继续在“色彩平衡 1”调整图层中，在打开的“属性”面板中设置“高光”为0、3、−51，如图8-46所示。

步骤 10　执行上述“色彩平衡 1”调整操作后，平衡图像高光部分色彩，效果如图8-47所示。

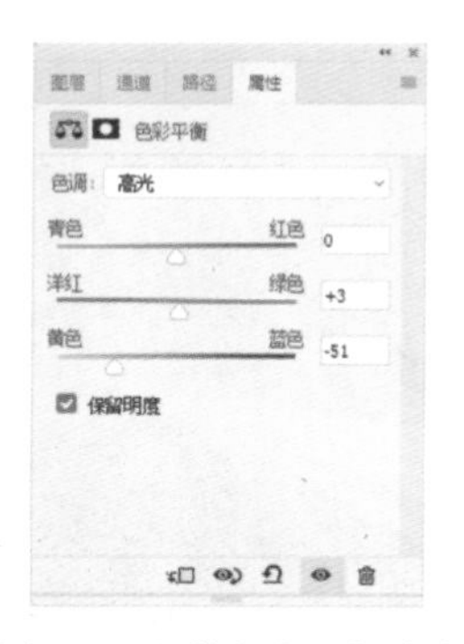

图8-46　调整色彩平衡（3）

图8-47　平衡图像的高光部分

步骤 11　按【Ctrl + Shift + Alt + E】组合键，盖印可见图层，得到“图层1”图层，如图8-48所示。

步骤 12　单击“滤镜”|“锐化”|“USM锐化”命令，在弹出的“USM锐化”对话框中，设置“数量”为100%，“半径”为3.6像素，“阈值”为3色阶，如图8-49所示。

图8-48　盖印图层

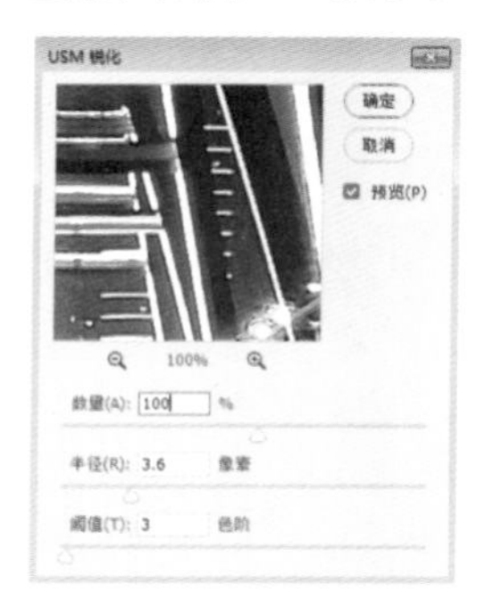

图8-49　“USM锐化”对话框

步骤 13　单击“确定”按钮，锐化图像，效果如图8-50所示。

步骤 14　新建“色相/饱和度 1”调整图层，在打开的“属性”面板中设置“饱和度”为51，最终效果如图8-51所示。

图8-50　执行“USM锐化”效果

图8-51　最终效果

8.4 灯光明亮的都市夜景

夜幕的降临，五彩的灯光照耀着繁华的都市，使人们向往着美好的都市生活。在后期处理中，利用“色阶”命令来提高图像的明暗对比，再利用“USM锐化”命令去除画面的噪点，得到清晰干净的画面，展现灯光明亮的都市夜景。本实例处理前后的效果如图8-52所示。

图8-52 灯光明亮的都市夜景

步骤 01 单击“文件”|“打开”命令，打开一幅素材图像，如图8-53所示。

步骤 02 按【Ctrl + J】组合键，复制图层，得到“图层1”图层，如图8-54所示。

图8-53 打开素材图像

图8-54 复制图层（1）

步骤 03 选择“图层1”图层，设置该图层的“混合模式”为“柔光”，如图8-55所示。

步骤 04 执行上述操作后，整体的图像变亮，效果如图8-56所示。

步骤 05 再次选择“图层1”图层，右键单击，从弹出的快捷菜单中选择“复制图层”选项，复制“图层1”图层，得到“图层1 拷贝”图层，如图8-57所示。

步骤 06 执行上述复制图层操作后，恢复暗部的细节部分，效果如图8-58所示。

步骤 07 新建“色阶 1”调整图层，在打开的“属性”面板中设置RGB的参数为5、1.49、225，如图8-59所示。

步骤 08 执行上述“色阶 1”调整后，提高中间区域的亮度，效果如图8-60所示。

步骤 09 按【Ctrl + Shift + Alt + E】组合键，盖印可见图层，得到“图层2”图层，如图8-61所示。

图8-55　调整混合模式（1）

图8-56　调整混合模式效果

图8-57　复制图层（2）

图8-58　复制图层效果

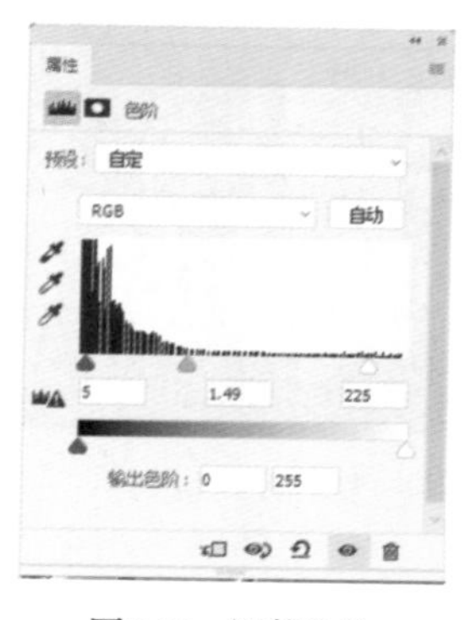

图8-59　调整色阶

图8-60　调整色阶效果

步骤 10　单击“滤镜”|“锐化”|“USM锐化”命令，在弹出的“USM锐化”的对话框中，设置“数量”为50%，“半径”为2.7像素，“阈值”为0，如图8-62所示。

步骤 11　单击“确定”按钮，为“图层2”图层添加图层蒙版，设置画笔的“不透明度”为50%，“流量”为50%，并使用黑色画笔在中间的建筑物上涂抹，效果如图8-63所示。

步骤 12　按【Ctrl + Shift + Alt + E】组合键，盖印可见图层，得到“图层3”图层，如图8-64所示。

步骤 13　选择“图层3”图层，设置该图层的“混合模式”为“滤色”，“不透明度”为30%，如图8-65所示。

图8-61　盖印图层（1）

图8-62　“USM锐化”对话框

图8-63　使用画笔工具

图8-64　盖印图层（2）

步骤 14　新建“色相/饱和度 1”调整图层，在打开的“属性”面板中设置“饱和度”为35，最终效果如图8-66所示。

图8-65　调整混合模式（2）

图8-66　最终效果

09

第9章　动植物照片的后期处理

学习提示

大自然的植物和动物是摄影师经常拍摄的题材，但是在拍摄过程中，由于环境和拍摄对象不稳定的关系，导致色彩灰暗等问题，通过Photoshop后期处理，调整植物与动物照片的构图、光影、色彩等方面，打造完美的生态画面效果。

9.1　打造艳丽夺目的花朵

大自然孕育着世间万物，娇艳欲滴的花朵更是让人移不开眼。在后期处理中，使用“色阶”命令对图像进行明暗对比的加强，再利用“色相/饱和度”“色彩平衡”等命令提高图像的色彩饱和度，打造出艳丽夺目的花朵。本实例处理前后的效果如图9-1所示。

图9-1　打造艳丽夺目的花朵

步骤 01　单击“文件”|“打开”命令，打开一幅素材图像，如图9-2所示。

步骤 02　按【Ctrl + J】组合键，复制图层，得到“图层1”图层，如图9-3所示。

图9-2　打开素材图像

图9-3　复制图层

步骤 03　新建“色阶 1”调整图层，单击“预设”下拉按钮，选择“中间调较亮”选项，如图9-4所示。

步骤 04　执行上述操作后，提高中间调区域亮度，如图9-5所示。

步骤 05　单击“色阶 1”调整图层，选择画笔工具，在其选项栏设置“不透明度”为45%，“流量”为45%，使用黑色画笔工具在花朵上反复涂抹，如图9-6所示。

步骤 06　新建“色阶 2”调整图层，设置RGB的参数为4、1.19、215，如图9-7所示。

步骤 07　执行上述操作后，调整图像，增强明暗对比，效果如图9-8所示。

步骤 08　新建“色彩平衡 1”调整图层，在打开的“属性”面板中设置“中间调”为3、39、5，如图9-9所示。

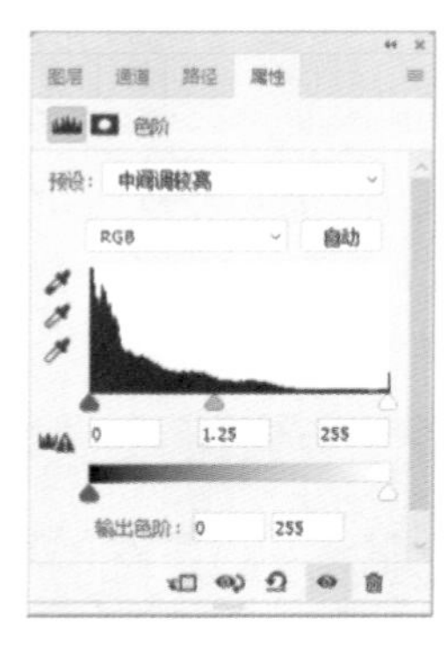

图9-4　调整色阶（1）

图9-5　调整“色阶1”后的效果

图9-6　恢复花朵原本图像

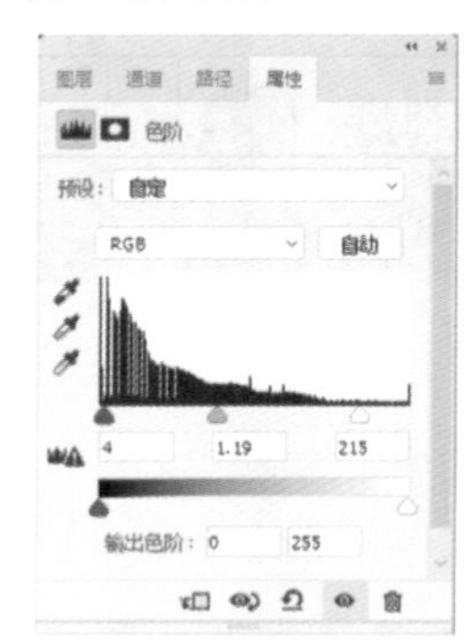

图9-7　调整色阶（2）

图9-8　调整“色阶2”后的效果

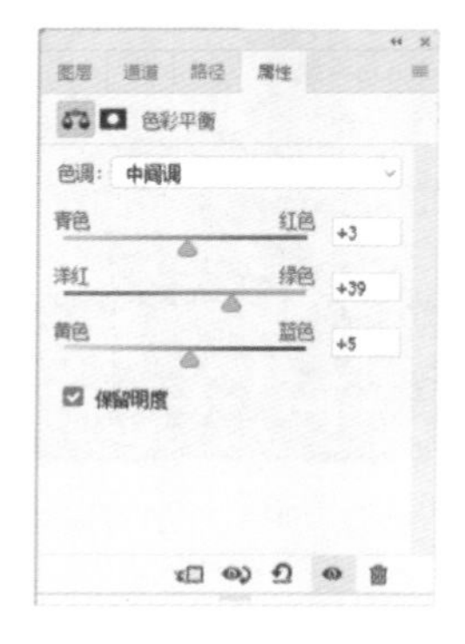

图9-9　调整色彩平衡（1）

步骤 09　执行上述操作后，调整图像中间调的色彩平衡，效果如图9-10所示。

步骤 10　继续在“色彩平衡 1”调整图层中，在打开的“属性”面板中设置“阴影”为−25、5、0，如图9-11所示。

步骤 11　执行上述操作，调整图像的阴影部分色彩，效果如图9-12所示。

步骤 12　继续在“色彩平衡 1”调整图层中，在打开的“属性”面板中设置“高光”为22、25、−19，如图9-13所示。

步骤 13　执行上述操作，调整图像的高光部分色彩，效果如图9-14所示。

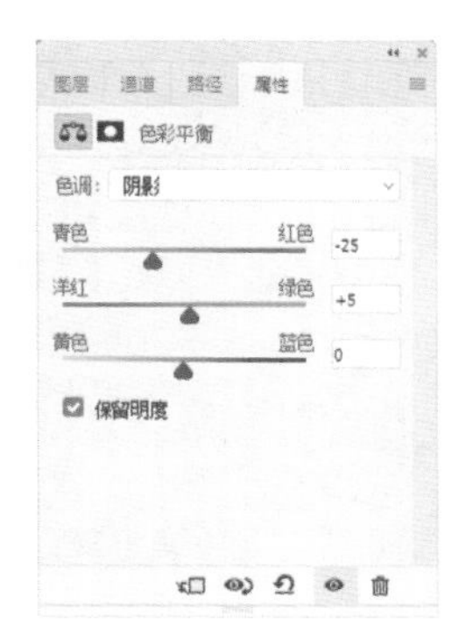

图9-10　调整“色彩平衡 1”后的效果（1）　　图9-11　调整色彩平衡（2）

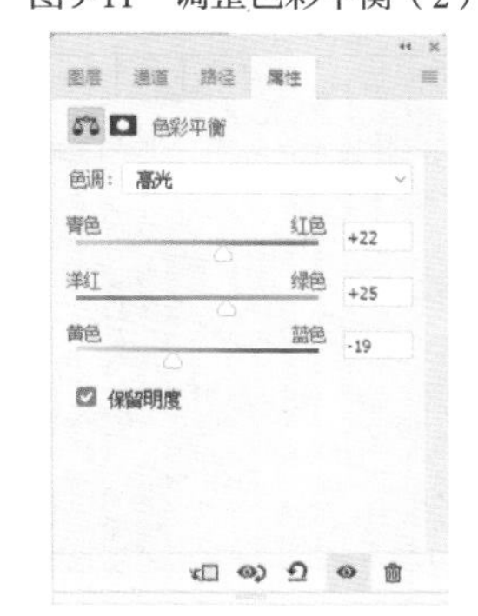

图9-12　调整“色彩平衡 1”后的效果（2）　　图9-13　调整色彩平衡（3）

步骤 14　新建“色相/饱和度 1”调整图层，在打开的“属性”面板中设置“色相”为6，“饱和度”为30，“明度”为5，如图9-15所示。

图9-14　调整“色彩平衡 1”后的效果（3）　　图9-15　调整色相/饱和度

步骤 15　执行上述操作后，图像饱和度增强，明度增加，效果如图9-16所示。

步骤 16　新建“亮度/对比度 1”调整图层，设置“亮度”为−3、“对比度”为41，如图9-17所示。

步骤 17　执行上述操作后，降低图像的亮度，加强对比效果，效果如图9-18所示。

步骤 18　新建“色阶3”调整图层，在打开的“属性”面板中设置RGB的参数为10、1.26、228，最终效果如图9-19所示。

图9-16　调整“色相/饱和度”后的效果

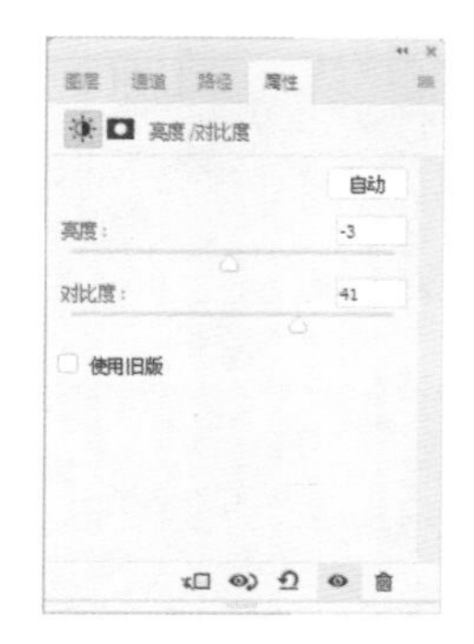

图9-17　调整亮度/对比度

图9-18　调整“亮度/对比度”后的效果

图9-19　最终效果

9.2　强调山林风光的氛围

大自然打造的山林风光是青翠如画的，但是在拍摄过程中，由于一些外在因素，导致拍摄出的图像没有层次感，可以使用“色阶”调整明暗对比，增强图像的层次感，再利用通道来调整图像，还原山林树木风光的本来风貌。本实例处理前后的效果如图9-20所示。

图9-20　强调山林风光的氛围

步骤01　单击“文件”|“打开”命令，打开一幅素材图像，效果如图9-21所示。

步骤02　按【Ctrl + J】组合键，复制图层，得到“图层1”图层，如图9-22所示。

图9-21　打开素材图像

图9-22　复制图层

步骤 03　选中“图层1”图层，设置“图层1”图层的“混合模式”为“柔光”，“不透明度”为60%，如图9-23所示。

步骤 04　新建“色阶1”调整图层，在打开的“属性”面板中设置RGB通道的参数为25、0.87、255，如图9-24所示。

图9-23　调整混合模式

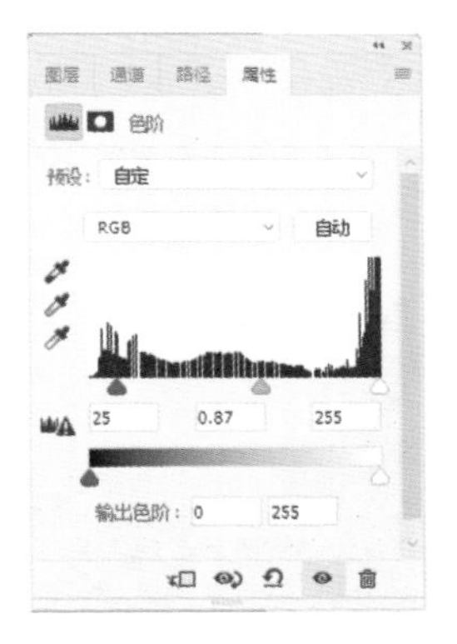

图9-24　调整色阶（1）

步骤 05　执行上述操作后，即可调整图像的明暗对比，效果如图9-25所示。

步骤 06　继续在“色阶 1”调整图层中，设置“蓝”通道的参数为25、0.58、255，如图9-26所示。

图9-25　增强明暗对比

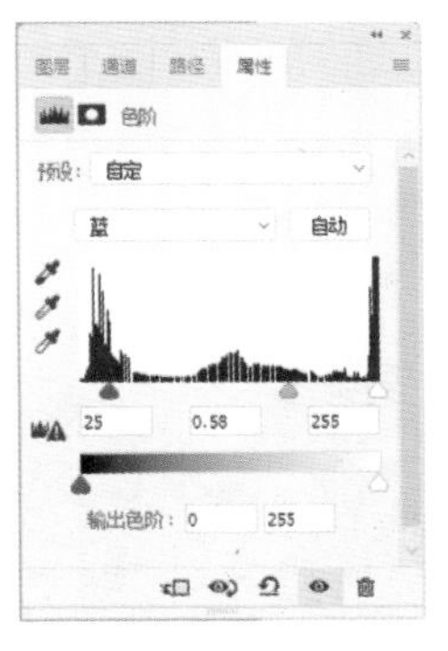

图9-26　调整色阶（2）

步骤 07 执行上述操作后，即可调整画面中绿色植物部分，加强绿色植物的色调，效果如图9-27所示。

步骤 08 继续在“色阶 1”调整图层中，设置“红”通道的参数为10、0.40、255，如图9-28所示。

图9-27 增强绿色植物颜色

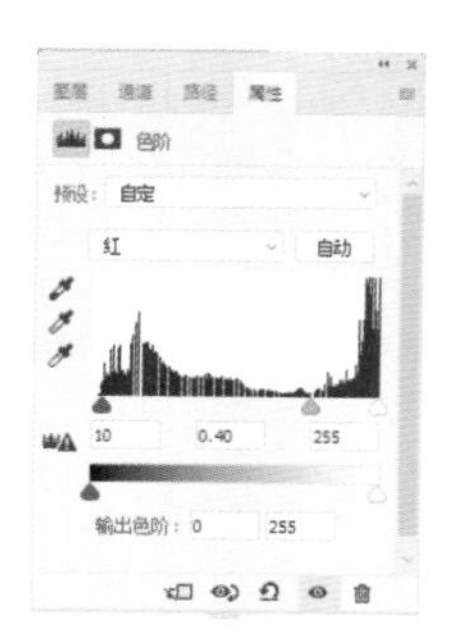

图9-28 调整色阶（3）

步骤 09 执行上述操作后，即可调整画面中天空的蓝色，效果如图9-29所示。

步骤 10 新建“亮度/对比度 1”调整图层，在打开的“属性”面板中设置“亮度”为10，“对比度”为28，如图9-30所示。

图9-29 增强天空蓝色调

图9-30 调整亮度/对比度

步骤 11 执行操作后，即可调整图像的亮度与对比度，效果如图9-31所示。

步骤 12 新建“选取颜色 1”调整图层，在“颜色”列表框中选择“蓝色”，设置参数值分别为100%、47%、-42%、0%，如图9-32所示。

图9-31 增强图像亮度和对比度

图9-32 调整选取颜色（1）

步骤 13 执行上述操作后，即可加深画面中的蓝色，效果如图9-33所示。

步骤 14 继续在“选取颜色1”调整图层中，在“颜色”列表框中选择“绿色”，设置参数值分别为20%、−29%、32%、−25%，如图9-34所示。

图9-33　加深画面蓝色调

图9-34　调整选取颜色（2）

步骤 15 执行上述操作后，加亮画面中的绿色植物的颜色，效果如图9-35所示。

步骤 16 继续在“选取颜色1”调整图层中，在“颜色”列表框中选择“青色”，设置参数值分别为20%、24%、38%、0%，如图9-36所示。

图9-35　加亮绿色植物的色调

图9-36　调整选取颜色（3）

步骤 17 执行上述操作后，加深画面中的青色色调，效果如图9-37所示。

步骤 18 新建“自然饱和度1”调整图层，在打开的“属性”面板中设置“自然饱和度”为50，增加画面的整体色彩，最终效果如图9-38所示。

图9-37　加深画面青色调

图9-38　最终效果

9.3 展现梦幻朦胧的蝴蝶

梦幻朦胧的蝴蝶，停留在花朵上，构成一幅美轮美奂的画面。本实例采用中心式构图形式，使画面非常的形象、生动，在后期处理中，利用“渐变填充”命令把蝴蝶转换成紫色调，并提高图像的整体饱和度，让画面看上去更加梦幻唯美。本实例处理前后的效果如图9-39所示。

图9-39 展现梦幻朦胧的蝴蝶

步骤01 单击“文件”|“打开”命令，打开一幅素材图像，如图9-40所示。

步骤02 复制“背景”图层，得到“背景 拷贝”图层，如图9-41所示。

步骤03 选择“背景 拷贝”图层，单击“滤镜”|“模糊”|“高斯模糊”命令，在弹出的“高斯模糊”对话框中，设置“半径”为25像素，如图9-42所示。

图9-40 打开素材图像

图9-41 复制“背景”图层

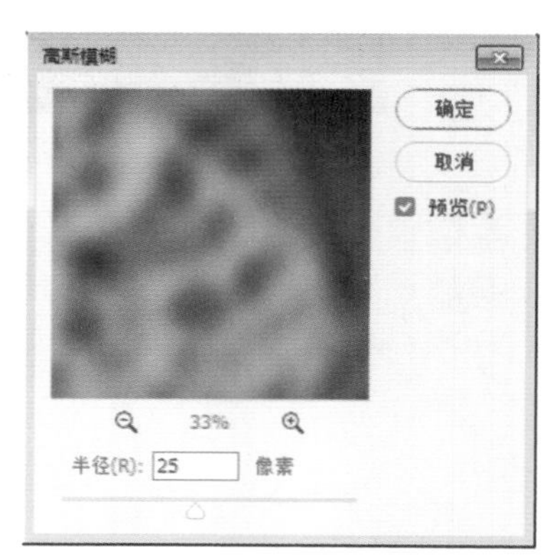

图9-42 “高斯模糊”对话框

步骤04 单击“确定”按钮，模糊图像，如图9-43所示。

步骤05 选择“背景 拷贝”图层，为该图层添加图层蒙版，使用画笔工具在蝴蝶和花朵上涂抹，还原本来的图像，如图9-44所示。

步骤06 新建“亮度/对比度 1”调整图层，在打开的“属性”面板中设置“亮度”为41，“对比度”为50，如图9-45所示。

图9-43　模糊图像

图9-44　使用蒙版编辑图像效果

图9-45　调整亮度/对比度

步骤 07　执行上述操作后，调整图像的亮度和对比度，加强层次感，效果如图9-46所示。

步骤 08　单击“图层”面板中的“创建新的填充或调整图层”按钮，新建“渐变填充 1”调整图层，弹出“渐变填充”的对话框，如图9-47所示。

步骤 09　在弹出的“渐变填充”对话框中，单击“点按可编辑渐变”按钮，在弹出的“渐变编辑器”的对话框中设置从RGB颜色为250、211、243到RGB颜色为112、98、131的渐变，如图9-48所示。

图9-46　加深图像层次感

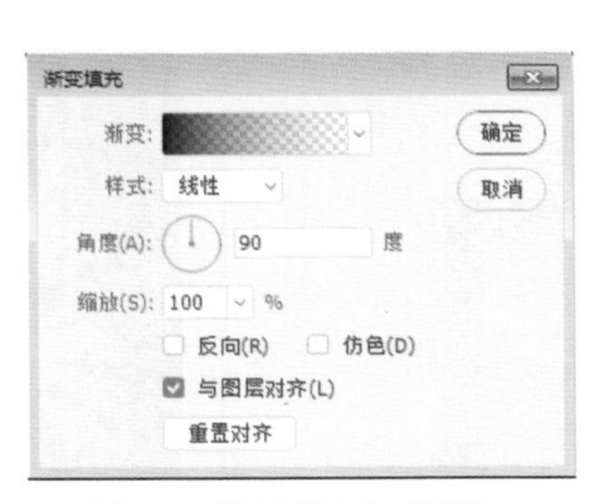

图9-47　“渐变填充”对话框

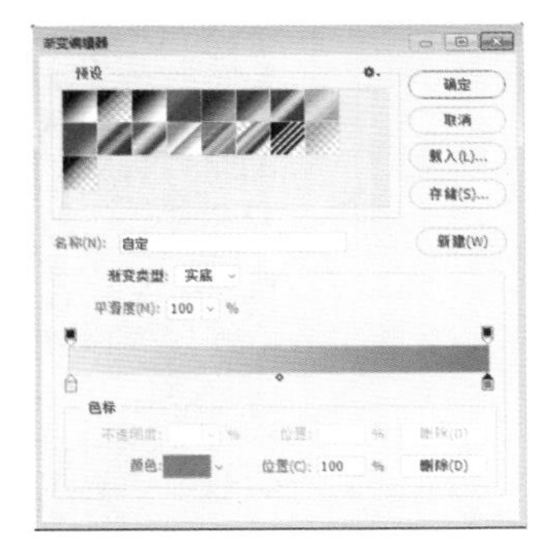

图9-48　“渐变编辑器”对话框

步骤 10　单击“确定”按钮，调整渐变填充的“样式”为“线性”，再单击“确定”按钮，如图9-49所示。

步骤 11　选择“渐变填充 1”调整图层，将该调整图层的“混合模式”为“色相”，如图9-50所示。

步骤 12　执行上述操作后，把图像色调转换为紫色调，效果如图9-51所示。

步骤 13　新建“色相/饱和度 1”调整图层，设置“色相”为−8，“饱和度”为30，“明度”为10，效果如图9-52所示。

步骤 14　盖印可见图层，得到“图层1”图层，单击“滤镜”|“模糊”|“高斯模糊”命令，在弹出的“高斯模糊”对话框中，设置“半径”为3像素，模糊图像，效果如图9-53所示。

图9-49　调整渐变填充

图9-50　调整混合模式

图9-51　转换色调

步骤 15　新建“色阶 1”调整图层，设置RGB的参数为10、1.48、252，效果如图9-54所示。

步骤 16　盖印可见图层，得到“图层2”图层，单击“滤镜”|“渲染”|“镜头光晕”命令，在弹出“镜头光晕”的对话框中，设置镜头在图像的右上方，“亮度”为100%，单击“确定”按钮，最终效果如图9-55所示。

图9-52　调整色相/饱和度

图9-53　执行“高斯模糊”命令效果

图9-54　调整色阶

图9-55　最终效果

9.4 展现温馨可爱的宠物

在拍摄宠物照片时，如果拍出来的照片没有特色，可以在后期处理中，使用“色彩平衡”“减少杂色”等命令来丰富图像效果，展现温馨可爱的宠物。本实例处理前后的效果如图9-56所示。

图9-56　展现温馨可爱的宠物

步骤01　单击“文件”|“打开”命令，打开一幅素材图像，如图9-57所示。

步骤02　新建“亮度/对比度 1”调整图层，设置“亮度”为25，“对比度”为50，如图9-58所示。

图9-57　打开素材图像

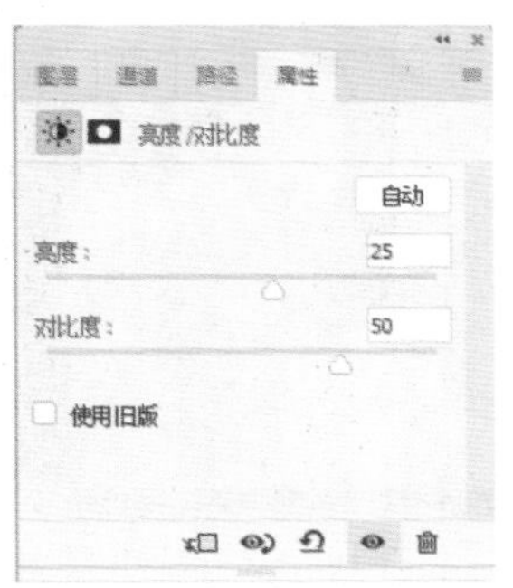

图9-58　调整亮度/对比度

步骤03　执行上述操作后，即可提高图像亮度，效果如图9-59所示。

步骤04　新建“色相/饱和度 1”调整图层，设置“色相”为20，“饱和度”为25，“明度”为5，如图9-60所示。

图9-59　提高图像亮度

图9-60　调整色相/饱和度

步骤 05 执行上述操作后，提高图像饱和度，效果如图9-61所示。

步骤 06 新建“色阶 1”调整图层，在打开的“属性”面板中设置RGB参数为22、1.16、255，如图9-62所示。

图9-61 提高图像饱和度

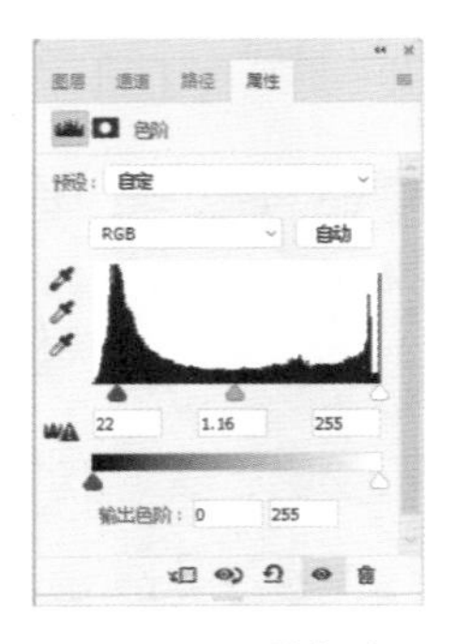

图9-62 调整色阶

步骤 07 执行上述操作后，图像的明暗对比明显增强，效果如图9-63所示。

步骤 08 新建“色彩平衡 1”调整图层，设置“中间调”的参数为0、32、28，如图9-64所示。

图9-63 增强明暗对比

图9-64 调整色彩平衡

步骤 09 盖印可见图层，得到“图层1”图层，如图9-65所示。

步骤 10 单击“滤镜”|“杂色”|“减少杂色”命令，在弹出的“减少杂色”的对话框中，设置“强度”为10，“保留细节”为15%，“减少杂色”为50%，“锐化细节”为7%，单击“确定”按钮，最终效果如图9-66所示。

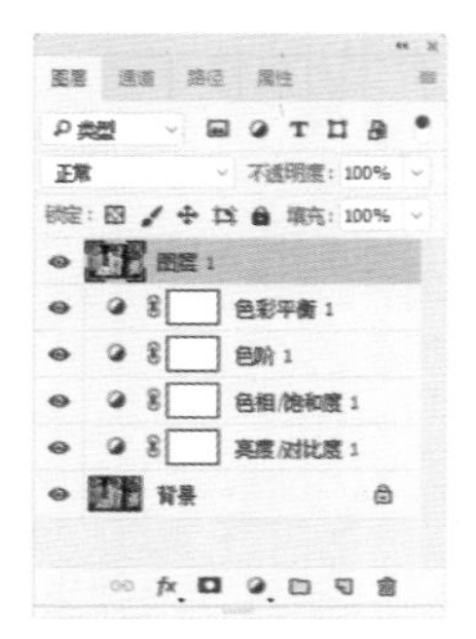

图9-65 盖印图层

图9-66 最终效果

10

第10章　静物照片的后期处理

学习提示

静物是一种特殊的物件，在生活中有各种各样的静物，既可以当做摆件也具有使用的价值。本章主要介绍使用Photoshop处理各种静物照片的后期技巧，包括打造拼立得照片效果、展现特色商品的品质、精致可口的特色美食和打造别致的静物特写等。

10.1 打造拼立得照片效果

想要把一张照片打造出可爱爆棚的感觉，在后期处理中，先使用“亮度/对比度”“自然饱和度”等命令给照片调色，之后再利用调整画布大小，裁剪合适的位置，打造拼立得照片效果。本实例处理前后的效果如图10-1所示。

图10-1　打造拼立得照片效果

步骤01　单击“文件”|“打开”命令，打开一幅素材图像，如图10-2所示。

步骤02　复制“背景”图层，得到“背景 拷贝”图层，如图10-3所示。

图10-2　打开素材图

图10-3　复制“背景”图层

步骤03　单击“滤镜”|“锐化”|“智能锐化”命令，在弹出的“智能锐化”的对话框中，设置“数量”为100%，半径”为1.5像素，“减少杂色”为10%，“移去”为“高斯模糊”，如图10-4所示。

步骤04　执行上述操作后，单击“确定”按钮，锐化图像，效果如图10-5所示。

步骤05　盖印可见图层，得到“图层1”图层，如图10-6所示。

步骤06　选中“图层1”图层，设置该图层的“混合模式”为“柔光”，“不透明度”为70%，如图10-7所示。

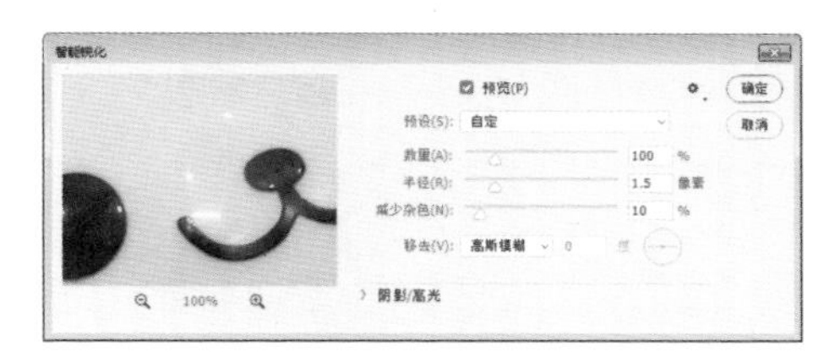

图10-4 “智能锐化”对话框

图10-5 锐化图像

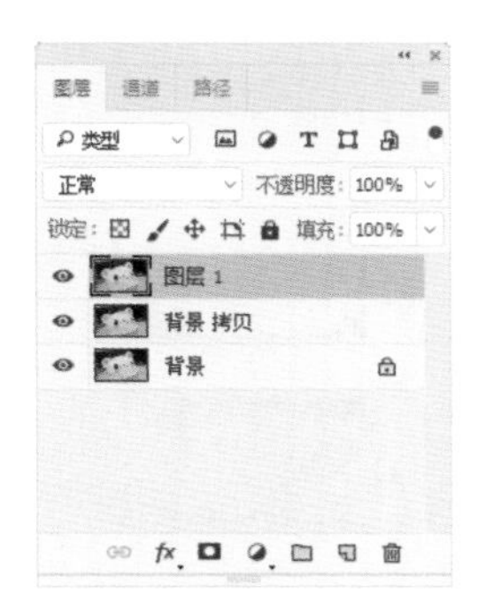

图10-6 盖印图层（1）

图10-7 调整混合模式

步骤 07 执行上述操作后，提高图像整体亮度，效果如图10-8所示。

步骤 08 新建“亮度/对比度 1”调整图层，在打开“属性”面板中设置“亮度”为41，“对比度”为29，如图10-9所示。

图10-8 提高图像亮度

图10-9 调整亮度/对比度

步骤 09 执行上述操作后，提亮画面，增强对比效果，效果如图10-10所示。

步骤 10 新建“自然饱和度 1”调整图层，设置“自然饱和度”为50，“饱和度”为20，如图10-11所示。

步骤 11 执行上述操作后，提高图像的饱和度，效果如图10-12所示。

步骤 12 新建“色阶 1”调整图层，在打开的“属性”面板中设置RGB的参数为12、1.26、236，如图10-13所示。

图10-10　增强图像对比

图10-11　调整自然饱和度

图10-12　提高图像饱和度

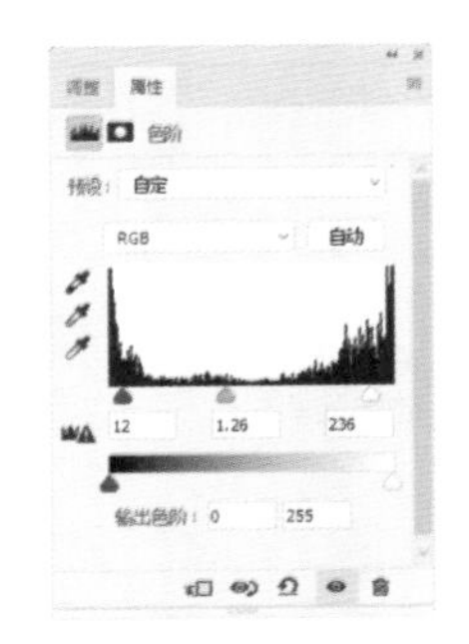

图10-13　调整色阶

步骤 13　执行上述操作后，提高图像的明暗对比，效果如图10-14所示。

步骤 14　单击“图像”|“画布大小”命令，在弹出的“画布大小”的对话框中，勾选“相对”复选框，设置“宽度”为2厘米，“高度”为5厘米，如图10-15所示。

图10-14　提高图像明暗对比

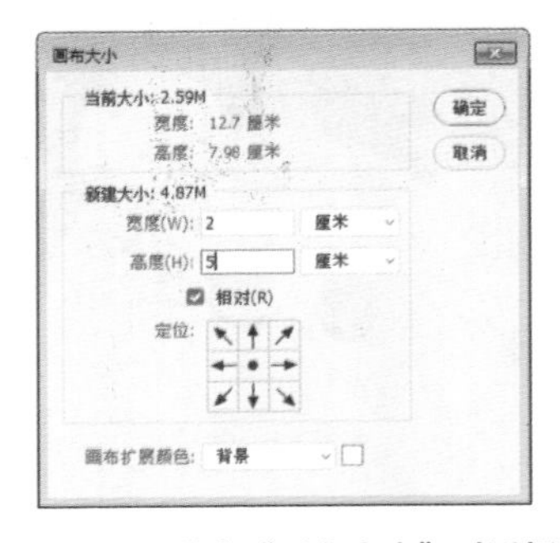

图10-15　弹出“画布大小”对话框

步骤 15　执行上述操作后，单击“确定”按钮，改变画布大小，效果如图10-16所示。

步骤 16　选择工具箱中的裁剪工具，调整裁剪框位置，如图10-17所示。

步骤 17　执行上述操作后，按【Enter】键，裁剪图像，效果如图10-18所示。

步骤 18　使用工具箱中的横排文字工具，输入“PIZZA CO”，设置该“字体”为Goudy Stout，“字体大小”为22，选择“CO”，设置“字体大小”为30，调整文字的填充颜色RGB为244、133、26，效果如图10-19所示。

图10-16　改变画布大小

图10-17　调整裁剪框

图10-18　裁剪图像

图10-19　设置文字样式效果

步骤 19　双击文字图层，在弹出的“图层样式”对话框中勾选“描边”复选框，设置“描边大小”为10像素，“位置”为“外部”，“颜色”为“白色”，单击“确定”按钮，效果如图10-20所示。

步骤 20　按【Ctrl + T】组合键，调出变换控制框，旋转文字到合适角度，并适当调整其位置，按【Enter】键确认，最终效果如图10-21所示。

图10-20　设置图层样式效果

图10-21　最终效果

10.2 展现特色商品的品质

手表是非常有特色的商品，是情侣或朋友之间经常用赠送的礼物类型，寓意着爱情或友情长长久久。在后期处理中，利用“高反差保留”“色彩平衡”“亮度/对比度”等命令调整图像清晰度和色彩调，彰显出商品的特色品质，本实例处理前后的效果如图10-22所示。

图10-22　展现特色商品的品质

步骤 01　单击“文件”|“打开”命令，打开一幅素材图像，如图10-23所示。

步骤 02　按【Ctrl + J】组合键，复制图层，得到“图层1”图层，在“图层”面板中选择“图层1”图层，设置该图层的“混合模式”为“叠加”，如图10-24所示。

图10-23　打开素材图像

图10-24　复制图层

步骤 03　执行上述操作后，图像的整体亮度提高，效果如图10-25所示。

步骤 04　单击“滤镜”|“其它”|“高反差保留”命令，在弹出的“高反差保留”对话框中，设置“半径”为5像素，如图10-26所示。

步骤 05　执行上述操作后，单击“确定”按钮，图像变清晰，效果如图10-27所示。

步骤 06　盖印可见图层，得到“图层2”图层，再新建“亮度/对比度 1”调整图层，设置“亮度”为70，“对比度”为23，如图10-28所示。

步骤 07　执行上述操作后，即可调整画面的明暗对比，效果如图10-29所示。

步骤 08 新建“色阶 1”调整图层，在打开的“属性”面板中设置RGB的参数为37、1.19、243，如图10-30所示。

图10-25 提高整体亮度

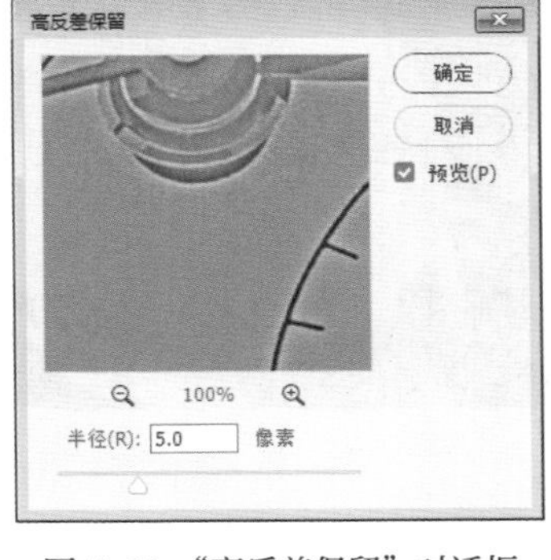

图10-26 “高反差保留”对话框

图10-27 图像变清晰

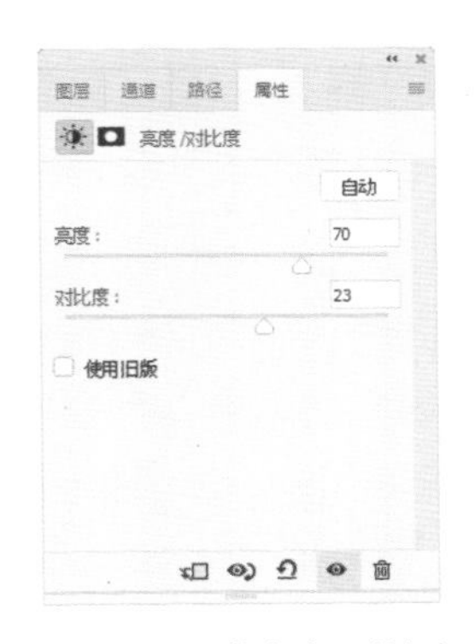

图10-28 调整亮度/对比度

图10-29 调整明暗对比

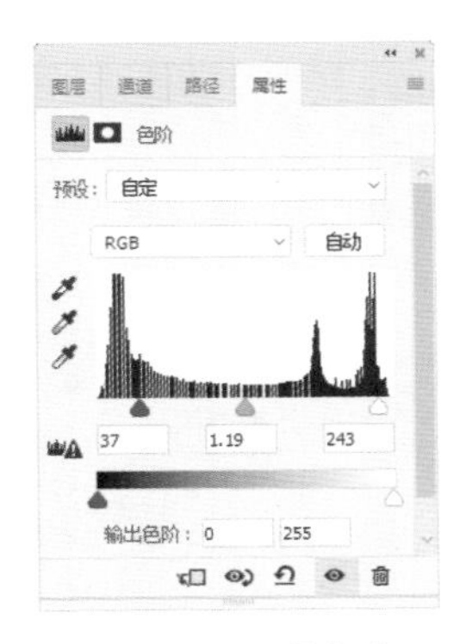

图10-30 调整色阶

步骤 09 执行上述操作后，即可加强画面暗部区域，效果如图10-31所示。

步骤 10 单击“色阶 1”图层蒙版缩览图，选择画笔工具，在其选项栏设置“不透明度”为50%，“流量”为50%，使用黑色画笔工具在手表上反复涂抹，效果如图10-32所示。

步骤 11 新建“色彩平衡 1”调整图层，在打开的“属性”面板中设置“中间调”为−19、−4、22，如图10-33所示。

步骤 12 执行上述操作后，调整图像中间调的色彩平衡，效果如图10-34所示。

图10-31 增强暗部区域

图10-32 使用蒙版修饰图像效果

图10-33 调整色彩平衡

图10-34 调整中间调色彩

步骤 13 盖印可见图层，得到“图层3”图层，如图10-35所示。

步骤 14 新建“曲线 1”调整图层，设置RGB的“输入”为166，“输出”为187，如图10-36所示。

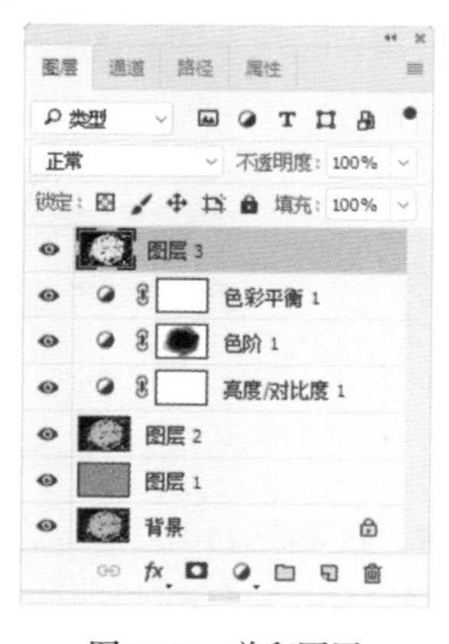

图10-35 盖印图层

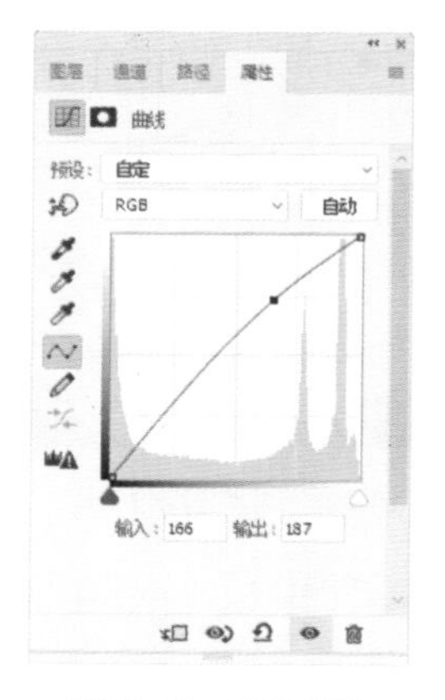

图10-36 调整曲线

步骤 15 执行上述操作后，提高了画面中手表的亮度，效果如图10-37所示。

步骤 16 选择画笔工具，使用黑色画笔在手表的周围涂抹，最终效果如图10-38所示。

图10-37　提亮手表亮度

图10-38　最终效果

10.3　精致可口的特色美食

人们生活的区域不同，环境不同，所以有许多特色的美食。在后期处理中，利用“色相/饱和度”等命令调整图像，可以打造精致可口的特色美食。本实例处理前后的效果如图10-39所示。

图10-39　精致可口的特色美食

步骤 01　单击“文件”|“打开”命令，打开一幅素材图像，效果如图10-40所示。

步骤 02　复制“背景”图层，得到“背景 拷贝”图层，如图10-41所示。

图10-40　打开素材图像

图10-41　复制“背景”图层

步骤03 新建“亮度/对比度 1”调整图层，设置“亮度”为32，“对比度”为46，如图10-42所示。

步骤04 执行上述操作后，即可增强亮度和对比度，效果如图10-43所示。

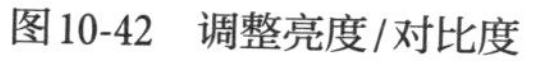

图10-42 调整亮度/对比度

图10-43 增强亮度和对比度

步骤05 新建“色相/饱和度 1”调整图层，设置“色相”为−3，“饱和度”为38，如图10-44所示。

步骤06 执行上述操作后，增强图像的色彩饱和度，效果如图10-45所示。

图10-44 调整色相/饱和度

图10-45 增强图像饱和度

步骤07 新建“色阶 1”调整图层，设置RGB的参数为23、1.34、255，如图10-46所示。

步骤08 执行上述操作后，加强画面影调对比，效果如图10-47所示。

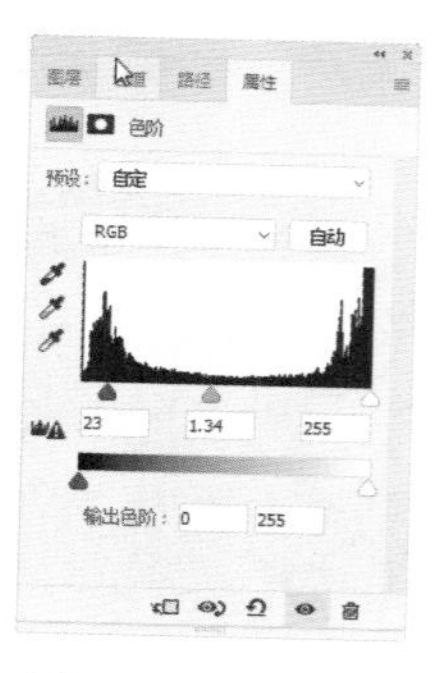

图10-46 调整色阶

图10-47 加强对比

步骤 09　盖印可见图层，得到“图层1”图层，如图10-48所示。

步骤 10　单击“滤镜”|“模糊”|“高斯模糊”命令，在弹出的“高斯模糊”的对话框中，设置“半径”为3像素，如图10-49所示。

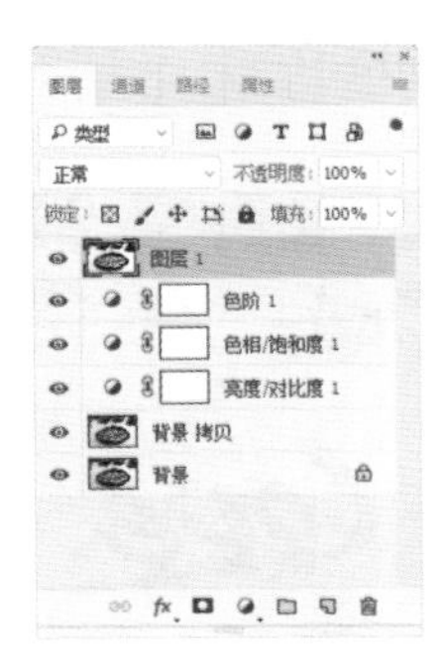

图10-48　盖印图层

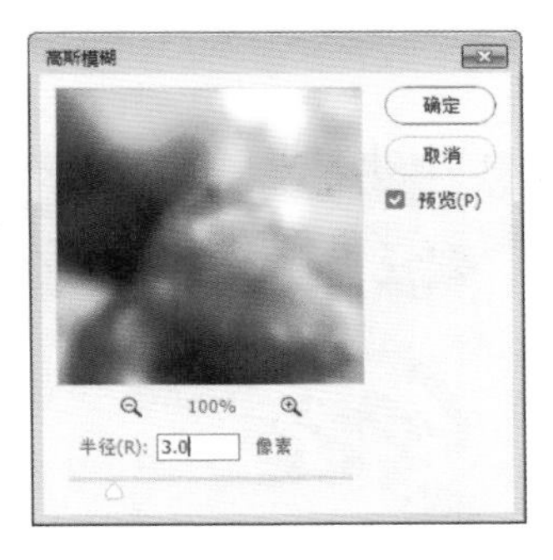

图10-49　“高斯模糊”对话框

步骤 11　执行上述操作后，单击“确定”按钮，模糊图像，效果如图10-50所示。

步骤 12　在“图层”面板中选择“图层1”图层，为该图层添加图层蒙版，再选择画笔工具，使用黑色画笔在美食上涂抹，恢复美食图像，模糊背景，效果如图10-51所示。

图10-50　模糊图像

图10-51　使用蒙版编辑图像效果

步骤 13　新建“色彩平衡 1”调整图层，设置“中间调”为6、3、23，如图10-52所示。

步骤 14　执行上述操作后，平衡中间调的色彩，最终效果如图10-53所示。

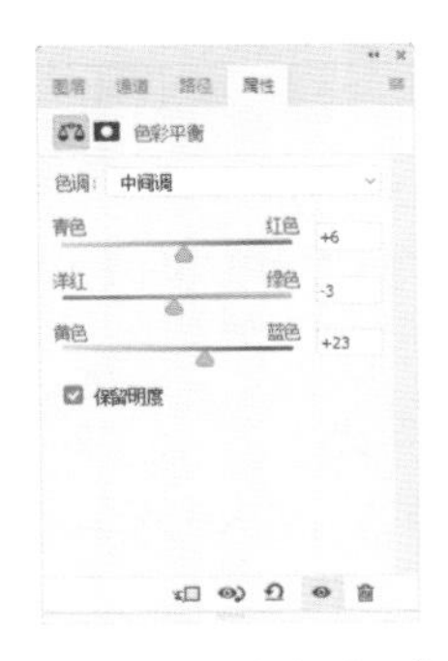

图10-52　调整色彩平衡

图10-53　最终效果

10.4 打造别致的静物特写

在后期处理中，可以利用“色阶”“亮度/对比度”等命令来调整高光和阴影部分，加强画面的层次感，打造别致的景物特写。本实例处理前后的效果如图10-54所示。

图10-54 打造别致的静物特写

步骤01 单击“文件”|“打开”命令，打开一幅素材图像，如图10-55所示。

步骤02 按【Ctrl + J】组合键，复制图层，得到“图层1”图层，如图10-56所示。

图10-55 打开素材图像

图10-56 复制图层

步骤03 新建“亮度/对比度 1”调整图层，在打开的“属性”面板中设置“亮度”为25，“对比度”为34，如图10-57所示。

步骤04 执行上述操作后，提亮整体图像，效果如图10-58所示。

步骤05 新建“色阶 1”调整图层，在打开的“属性”面板中设置RGB的参数为25、1.16、242，如图10-59所示。

步骤06 执行上述操作后，分别调整图像阴影、中间调和高光影调，效果如图10-60所示。

步骤07 新建“自然饱和度 1”调整图层，在打开的“属性”面板中设置“自然饱和度”为66，“饱和度”为59，如图10-61所示。

步骤08 执行上述操作后，调整图像的饱和度，效果如图10-62所示。

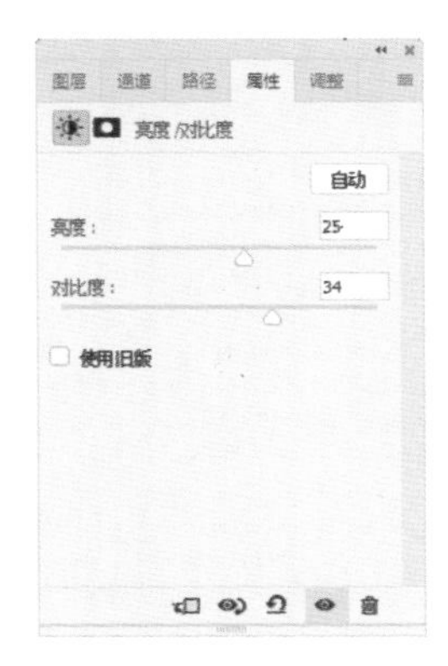

图10-57　调整亮度/对比度

图10-58　提亮整体图像

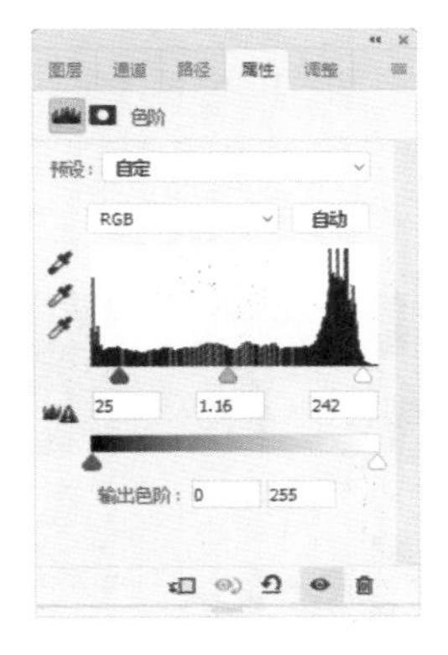

图10-59　调整色阶

图10-60　调整图像影调

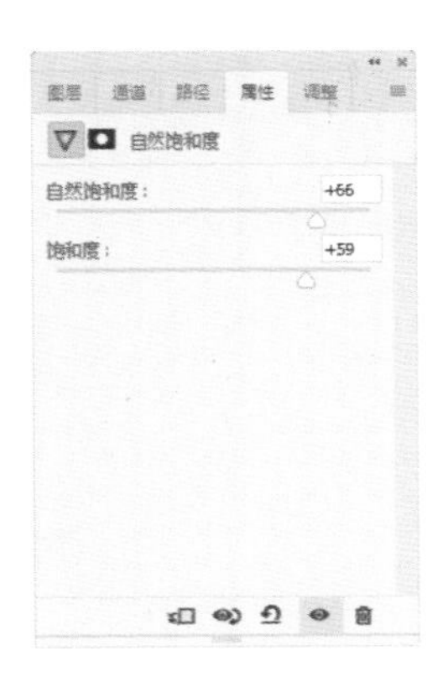

图10-61　调整自然饱和度

图10-62　调整图像饱和度

步骤 09　盖印可见图层，得到“图层2”图层，如图10-63所示。

步骤 10　单击“滤镜”|“锐化”|“智能锐化”命令，在弹出的“智能锐化”对话框中，设置“数量”为92%，“半径”为1.9像素，“减少杂色”为10%，“移去”为“镜头模糊”，如图10-64所示。

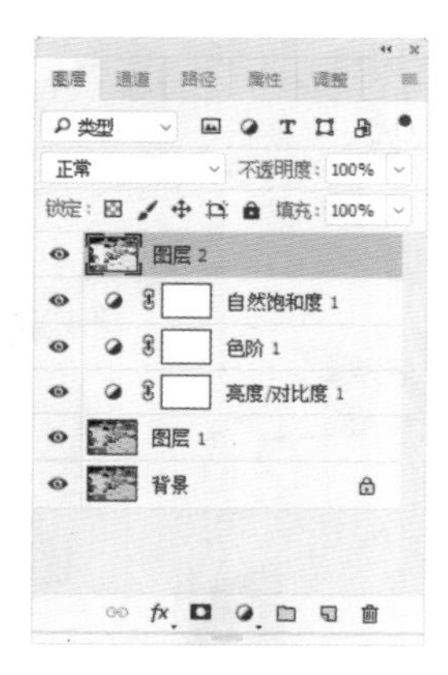

图10-63　盖印图层

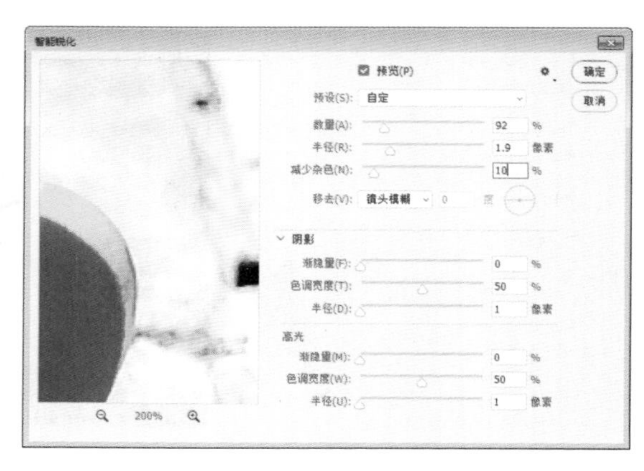

图10-64　“智能锐化”对话框

步骤 11　执行上述操作后，单击“确定”按钮，锐化图像，效果如图10-65所示。

步骤 12　新建“曲线 1”调整图层，在打开的“属性”面板中设置RGB的“输入”为97，“输出”为119，最终效果如图10-66所示。

图10-65　锐化图像

图10-66　最终效果